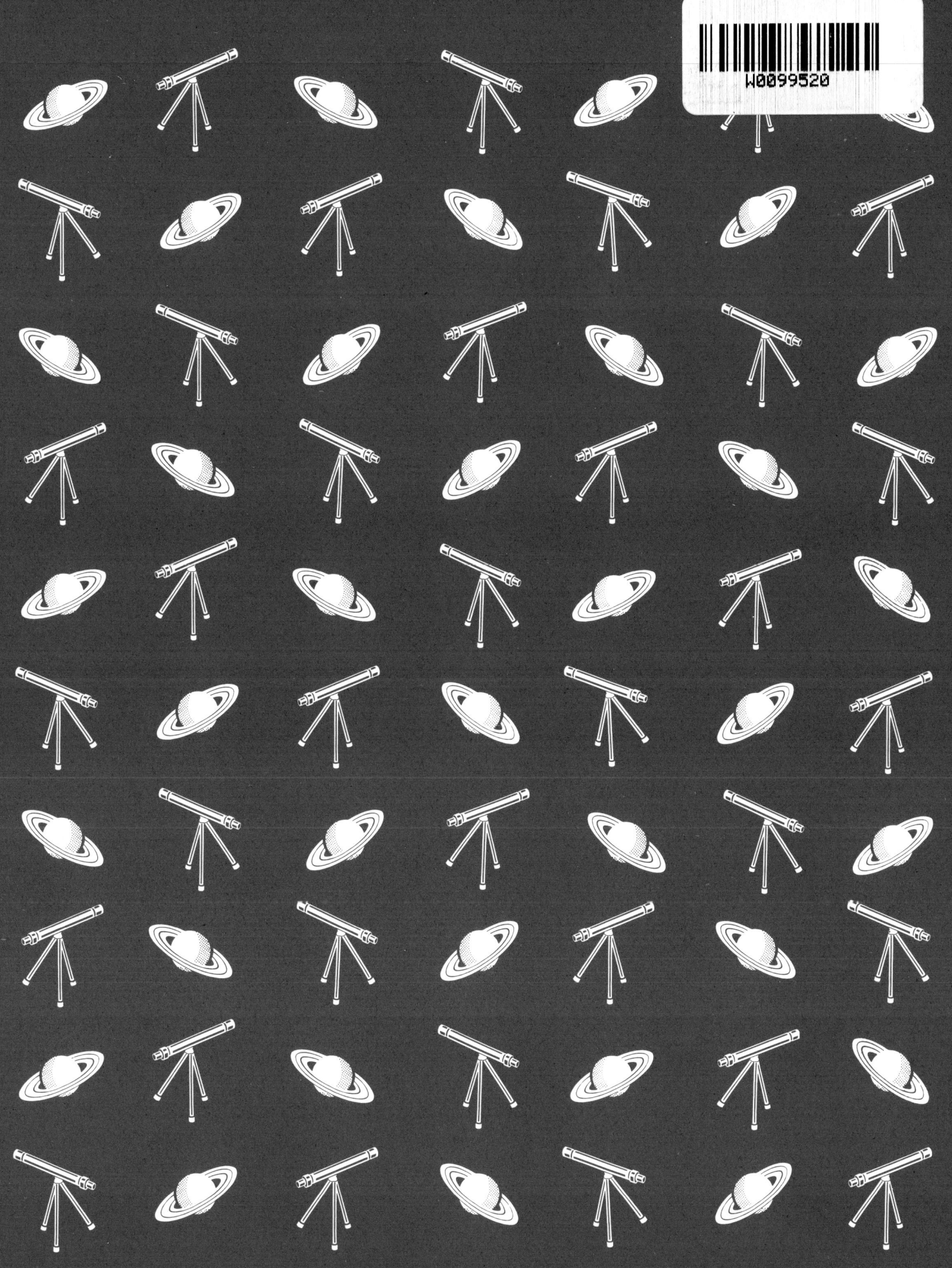

# ASTRONOMIE

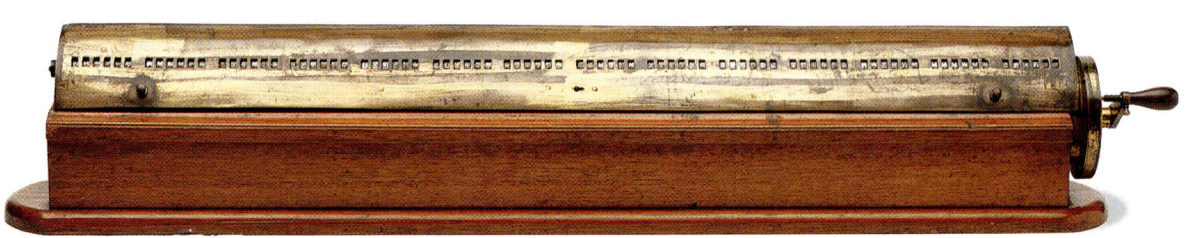

Rechenmaschine
(19.Jh.)

Modell der Anlage
von Stonehenge

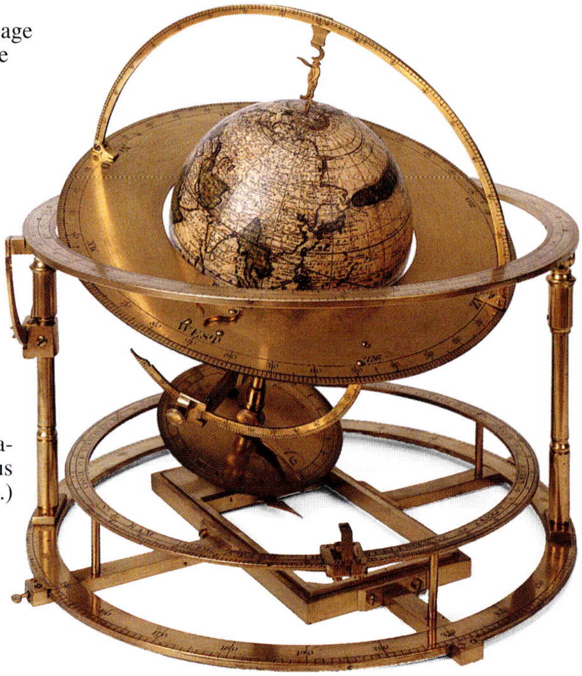

Repräsenta-
tiver Globus
(19.Jh.)

Japanische
Sonnenuhr
(19.Jh.)

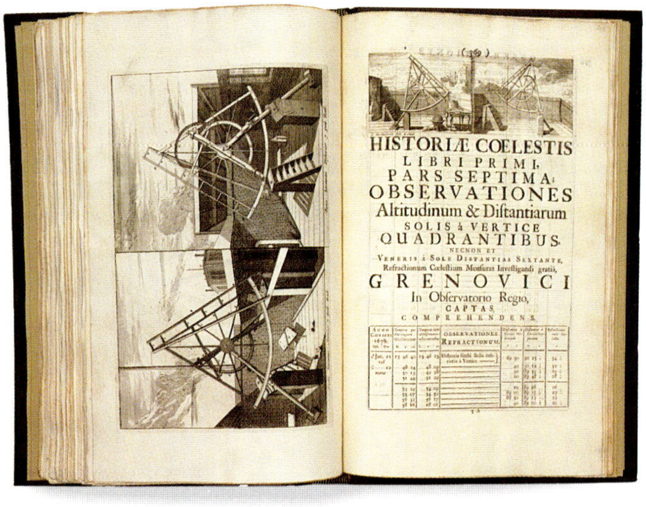

Modell der
Himmelskugel
(19.Jh.)

Flamsteeds Sternkatalog (Ausgabe von 1725)

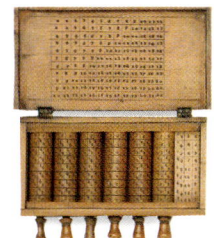

Die Rechenwalzen von John Napier

Prismen aus einem Spektroskop (19.Jh.)

# ASTRONOMIE

Die Geheimnisse des Universums mit seinen Planeten und Sternen

Text von Kristen Lippincott

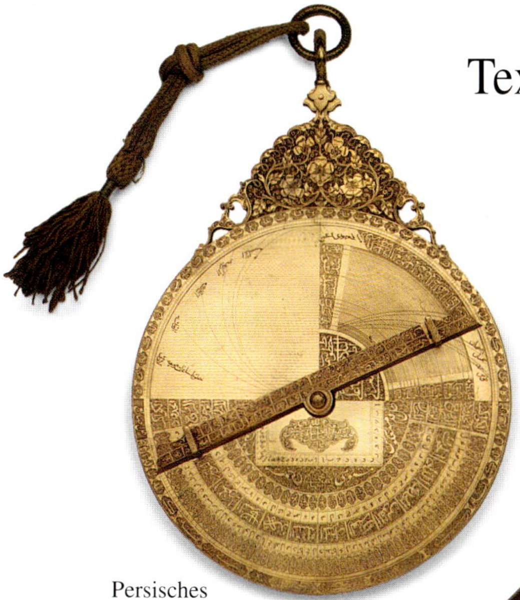

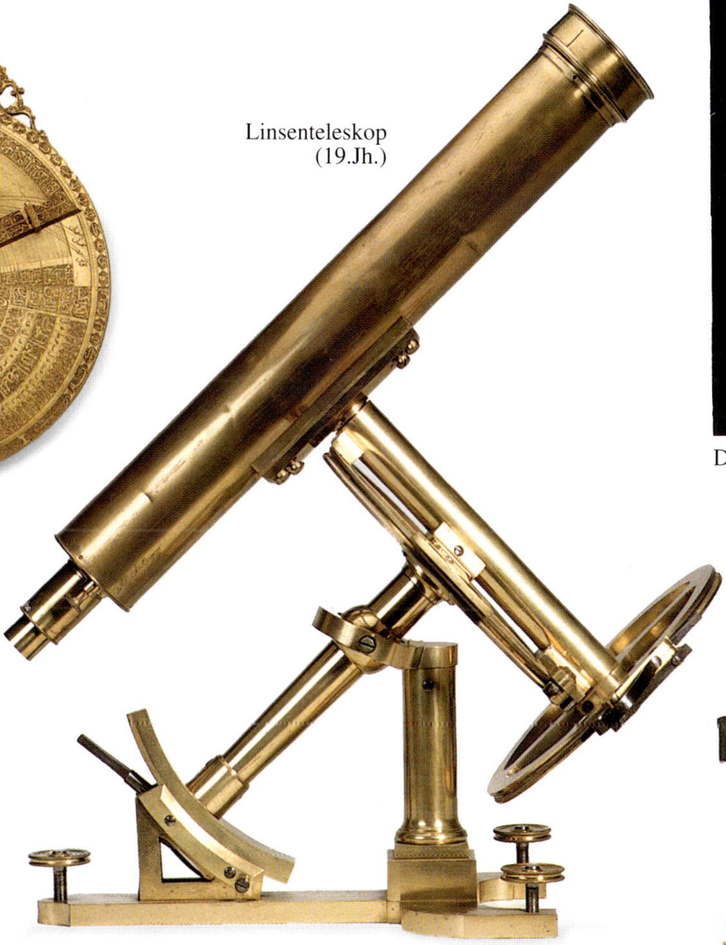

Linsenteleskop (19.Jh.)

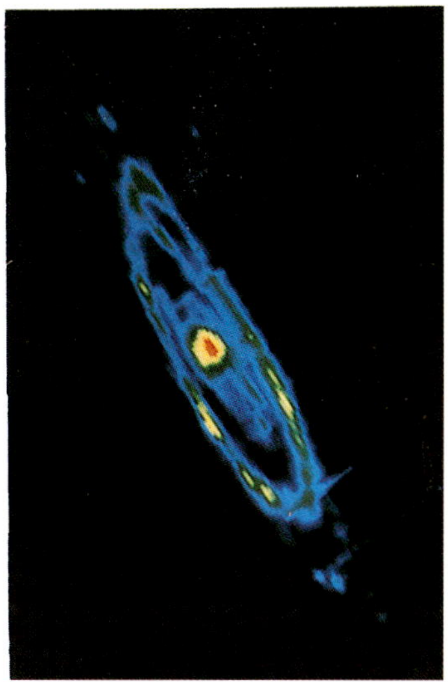

Der Andromeda-Nebel

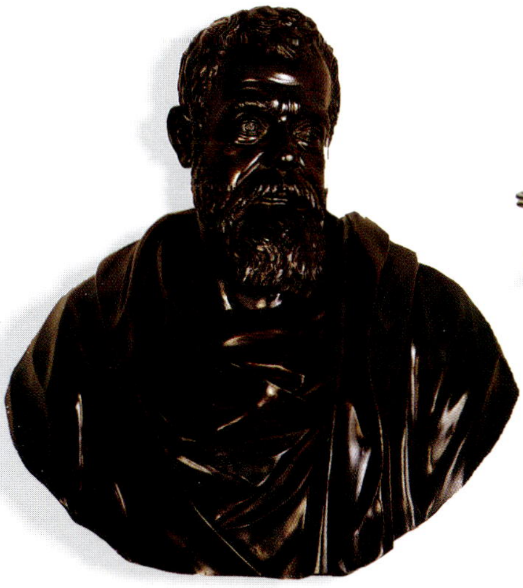

Persisches Astrolabium (18.Jh.)

Gerstenberg Verlag

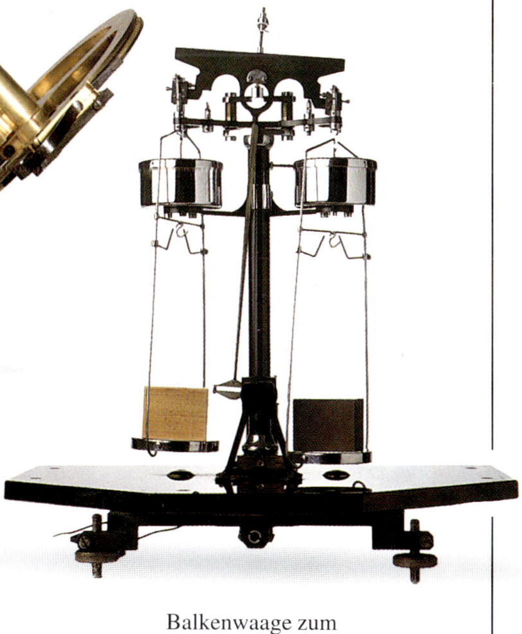

Balkenwaage zum Massenvergleich

Galileo Galilei

Tafel mit Sternbildern
(19.Jh.)

Kompaß (19.Jh.)

Die Deutsche Bibliothek – CIP-Einheitsaufnahme

**Astronomie:** Die Geheimnisse des Universums mit seinen Planeten und Sternen / Text von Kristen Lippincott. [Aus dem Engl. übers. von Michael Zillgitt]. – Hildesheim: Gerstenberg, 1995
(Sehen, Staunen, Wissen: Faszinierende Forschung)
Einheitssacht.: Eyewitness science: Astronomy <dt.>
ISBN 3-8067-4812-8
NE: Lippincott, Kristen; Zillgitt, Michael [Übers.]; EST

Ein Dorling-Kindersley-Buch
Originaltitel: Eyewitness Science: Astronomy
Copyright © 1994 Dorling Kindersley Ltd., London
Fachliche Beratung: Heather Couper
Lektorat: Charyn Jones, Josephine Buchanan
Layout und Gestaltung: Ron Stobbart,
Elaine C. Monaghan, Lynne Brown
Herstellung: Meryl Silbert
Bildredaktion: Becky Halls, Deborah Pownall
Fotografische Spezialeffekte: Tina Chambers,
Clive Streeter

Konstruktionshilfe zum Ellipsenzeichnen

Aus dem Englischen übersetzt von Michael Zillgitt
Redaktionelle Bearbeitung der deutschsprachigen
Ausgabe: Eva und Hans-Jürgen Schweikart, Mannheim
Deutsche Ausgabe Copyright © 1995
Gerstenberg Verlag, Hildesheim

Alle Rechte der Vervielfältigung und Verbreitung einschließlich Film, Funk und Fernsehen sowie der Fotokopie, Mikrokopie und der Verarbeitung mit Hilfe der EDV vorbehalten. Auch auszugsweise Veröffentlichungen außerhalb der engen Grenzen des Urheberrechts- und Verlagsgesetzes bedürfen der schriftlichen Zustimmung des Verlages.

Satz: Gerstenberg Druck GmbH, Hildesheim
Printed in Singapore
ISBN 3-8067-4812-8

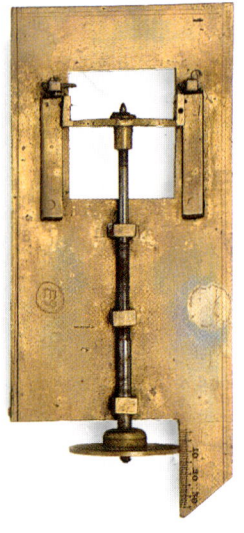

Mikrometerschraube
für ein Teleskop

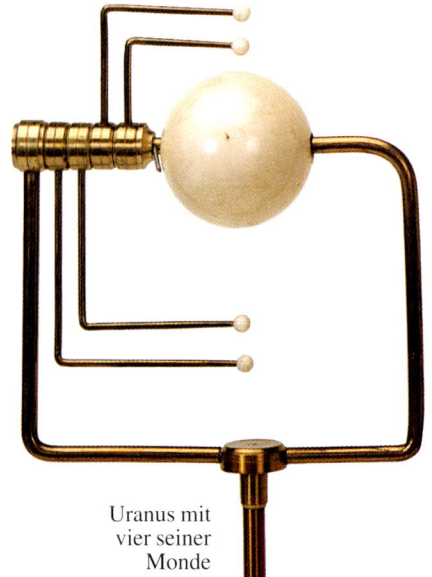

Uranus mit
vier seiner
Monde

Hier wird das Verhalten der unterschiedlich schweren Elemente im Sonnensystem simuliert.

# Inhalt

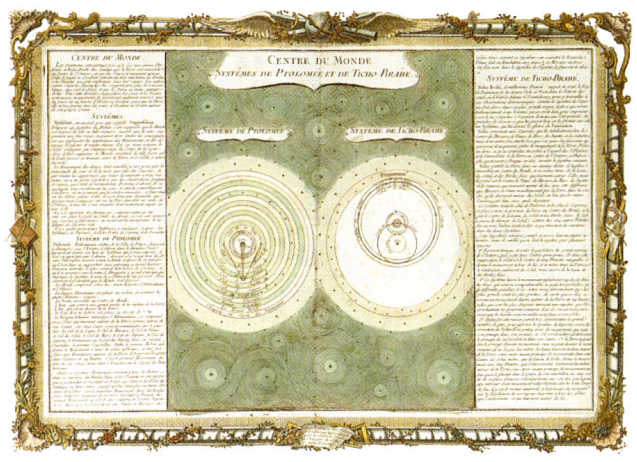

Aus einem französischen Astronomiebuch (19.Jh.)

Beobachtung des Himmels
6
Astronomie im Altertum
8
Ordnung im Universum
10
Die Himmelskugel
12
Vom Nutzen der Astronomie
14
Astrologie
16
Das kopernikanische System
18
Vordenker und Wegbereiter
20
Optische Gesetzmäßigkeiten
22
Optische Teleskope
24
Observatorien
26
Astronomen
28
Spektroskopie
30
Radioteleskope
32
Aufbruch ins All
34
Unser Sonnensystem
36
Die Sonne
38
Der Mond
40
Die Erde
42
Merkur
44
Venus
46
Mars
48
Jupiter
50
Saturn
52
Uranus
54
Neptun und Pluto
56
Unterwegs im All
58
Lebenslauf der Sterne
60
Galaxien
62
Register
64

# Beobachtung des Himmels

Das Wort Astronomie ist griechischen Ursprungs: *astron* bedeutet Stern und *nemein* benennen. Die Grundlage dieser jahrtausendealten Wissenschaft war von jeher das Bezeichnen und Beschreiben von Sternen. Viele der heute gebräuchlichen Namen von Gestirnen gehen auf die Griechen zurück, die erstmals systematische Verzeichnisse der sichtbaren Sterne erstellten. Sie und auch andere Völker des Altertums untersuchten die relativen Positionen der Sterne und erkannten in zahlreichen Sterngruppen bestimmte Figuren. Eine ähnelt z.B. einem gewundenen Flußlauf und wurde daher nach dem Fluß Eridanus benannt, der nach der griechischen Mythologie im fernen Norden fließt. Ein anderes Sternbild gleicht einem Jäger mit hell leuchtendem Gürtel und Schwert; es erhielt deshalb den Namen des Jägers Orion (S.61). Auch die einzelnen Sterne der jeweiligen Figuren wurden benannt und zudem entsprechend ihrer Helligkeit in Größenklassen eingeteilt. So heißt der hellste Stern im Sternbild Skorpion *α-Scorpii*, da *α* der erste Buchstabe des griechischen Alphabets ist. Weil er am dunklen Nachthimmel ähnlich wie der Mars (S.48–49) in einem hellen Rot strahlt, nennt man ihn auch Antares, den „anderen Mars".

**ZEICHEN AM HIMMEL**
Die ersten Astronomen waren vermutlich Hirten, die die Veränderungen am Nachthimmel und die Bewegung der hellsten Himmelskörper mit dem Wechsel der Jahreszeiten in Verbindung brachten.

**ARABISCHE NÄCHTE**
Schon die ältesten Kulturvölker befaßten sich mit Astronomie. Als die Naturwissenschaften im Mittelalter in Europa zum Erliegen kamen, wurde die Astronomie vor allem in Arabien gefördert. Dort ergänzten und aktualisierten Gelehrte wie Al-Sufi (903–986) die griechischen Sterntafeln.

Dieser Stich zeigt den arabischen Astronomen Al-Sufi mit einem Himmelsglobus.

**UNWANDELBAR**
In der Umgebung großer Städte sind die Sterne wegen der Temperaturunterschiede, der Luftverschmutzung und der zahlreichen künstlichen Lichtquellen kaum zu sehen. Auf dem Lande jedoch bietet sich dem Beobachter Nacht für Nacht ein großartiges Schauspiel am Himmel. Im Laufe der letzten 10.000 Jahre hat sich der Nachthimmel kaum gewandelt. Für unsere Vorfahren, die noch in Einklang mit der Natur lebten, war die Beobachtung des Himmels etwas Alltägliches. Heutigen Amateurastronomen bietet sich ebenfalls ein weites und faszinierendes Betätigungsfeld, auch wenn ihnen die modernen Möglichkeiten astronomischer Beobachtung nicht zugänglich sind, etwa Radioteleskope, die Abbildungen am Bildschirm liefern, oder Weltraumteleskope, die Strahlung erfassen, die nicht durch die Erdatmosphäre zu uns gelangt.

## TRADITIONELLE SYMBOLE
Das Erbe der altgriechischen Astronomen fand Eingang in viele Kulturen. Die am Himmel erkennbaren Sternbilder erhielten dabei jeweils die Namen von Helden der betreffenden Mythologie. So wurden Tiernamen, die im Mittelmeerraum für den Tierkreis vergeben worden waren, im Persischen und Indischen durch andere, dort vertrautere ersetzt. Die Abbildung zeigt die Tierkreiszeichen Zwillinge, Krebs, Widder und Stier in einer arabischen Handschrift aus dem 18.Jh.

## VOM ABERGLAUBEN ZUR WISSENSCHAFT
Die moderne Astronomie ging aus der Astrologie (S.16–17) hervor, die den Planeten einen Einfluß auf das menschliche Leben zuschrieb. Jeder Planet hatte seinen eigenen „Charakter" und göttliche Macht. Die Abbildung oben zeigt den Kriegsgott Mars.

*Das Licht gelangt hier ins Auge.*

## BLICK ZU DEN STERNEN
Schon mit einem guten Fernglas kann man viele Sterne erkennen. Dadurch stehen uns heute weitaus bessere Möglichkeiten zur Verfügung als den Pionieren der Astronomie wie Newton und Galilei (S.20–21).

*Ein Lichtstrahl tritt ins Objektiv ein.*  *Das Licht wird im Prisma reflektiert.*

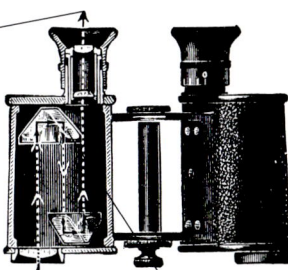

*Quetzalcoatl*

## AZTEKISCHE MYTHOLOGIE
In Mittel- und Südamerika war die Sternenmythologie stärker ausgeprägt als in Europa und Asien. Der aztekische Gott Quetzalcoatl vereinigte in sich die Einflüsse von Sonne und Venus. Ihm wurden rituelle Menschenopfer dargebracht.

## WEITBLICK
1990 startete die NASA das nach dem Astronomen Edwin Hubble benannte erste Weltraumteleskop. Es umkreist die Erde außerhalb der Troposphäre und liefert scharfe Bilder von Milliarden Lichtjahre (S.60) entfernten Objekten. Man erhofft sich davon neue Erkenntnisse über die Schwarzen Löcher und den Einfluß der Schwerkraft auf das Sternenlicht.

# Astronomie im Altertum

Beim Beobachten des Laufs von Sonne, Mond und Sternen erkannten die Menschen schon früh, daß sich an deren regelmäßigen Bewegungen die Zeit „ablesen" läßt. So ist z.B. am Sonnenstand erkennbar, wie viele Stunden des Tages bereits vergangen sind, und mit dem Wechsel der Jahreszeiten kehren bestimmte Sternbilder wieder. Antike Monumente wie Stonehenge in Südengland oder die Pyramiden der Maya in Mittelamerika beweisen, daß die Grundlagen der beobachtenden Astronomie schon sehr lange bekannt sind. Nahezu alle alten Kulturvölker vermuteten hinter den immer wiederkehrenden Abläufen am Himmel das Wirken einer höheren Macht. So nahm man z.B. an, Sonnenfinsternisse (S.38–39) kämen dadurch zustande, daß ein riesiger Drache die Sonne verschlinge. Durch gewaltiges Getöse sollte er wieder zu vertreiben sein.

**WEISER RAT**
Die alten Griechen rieten davon ab, Seereisen zu unternehmen, bevor das Sternbild der Plejaden Anfang Mai mit der Sonne steigt. Hätten Präsident Bush und Generalsekretär Gorbatschow sich an diese Regel gehalten, wäre ihr Treffen im Dezember 1989 auf einem Schiff im Mittelmeer vielleicht weniger durch Stürme gestört worden.

**GEHEIMNISVOLLER MOND**
Die Wandlung des Mondes am Himmel hat die Menschen seit jeher tief beeindruckt. So galt die Zeit des Neumondes als besonders günstig für neue Unternehmungen, und bei Vollmond – so glaubte man – trieben böse Geister ihr Unwesen.

**NAMENSGEBUNG**
Die Verbreitung von Wissen folgte in der Regel den gleichen Wegen wie der Handel und die Kriegszüge. So gelangten mit Eroberern deren Religion, Gebräuche und Kenntnisse in andere Gebiete. Die Babylonier glaubten, die Gestirne würden durch göttliches Wirken gesteuert, und nannten deshalb jeden Planeten nach einem Gott, dessen Eigenschaften er am ehesten widerzuspiegeln schien. Griechen und Römer übernahmen dieses System, setzten allerdings die Namen ihrer Götter ein. So wurde Nergal zu Mars und Marduk zu Jupiter.

Der römische Gott Jupiter

**DAMALS UND HEUTE**
Der flaschenförmige Beobachtungsturm Chomsong-dae bei Kyongju/Korea (7.Jh.) ist das wohl älteste noch erhaltene Observatorium der Welt. Ähnlich wie die heutigen Observatorien (S.26–27) hat es eine Öffnung in der Dachplattform.

*Positionsstein*

*Die Aubrey-Löcher entstanden als Teil der ältesten Anlage.*

**IN GRAUER VORZEIT**
Die genaue Bedeutung des Aufbaus der Anlage von Stonehenge ist nicht bekannt. Man vermutet, daß dort in prähistorischer Zeit zu besonderen Himmelsereignissen, wie den Sonnenwenden im Sommer und im Winter sowie den Tagundnachtgleichen im Frühjahr und im Herbst, feierliche Riten zelebriert wurden. Neben Stonehenge, dem wohl bekanntesten Beispiel vorzeitlicher Megalithe, zeugen weltweit viele vergleichbare Monumente vom Interesse unserer frühen Vorfahren am Lauf der Gestirne.

**WISSEN AUF SCHERBEN**
Die ältesten astronomischen Berechnungen sind auf babylonischen Tontafeln erhalten. Sie stammen aus Mesopotamien, dem Zweistromland zwischen Euphrat und Tigris. Die oben abgebildete Tafel wurde im 4.Jh.v.Chr. beschriftet.

Rückseite eines persischen Astrolabiums (1707)

*Gradeinteilung*

*Visieröffnung*

*Drehbarer Arm (Alhidade) zur Winkelmessung*

*Schattenrechteck*

**ASTROLABIUM**
Für die frühen Astronomen war es äußerst mühevoll, Stern- und Planetenpositionen vorauszuberechnen. Zur Vereinfachung diente das Astrolabium. Seine zwei beschrifteten Scheiben stellen die Himmelskugel in zwei Dimensionen dar. Mit dem Winkelarm, der Alhidade, bestimmte man die Höhe des Gestirns.

*Kalenderskala*

**WARNSIGNALE**
Fast alle alten Völker nutzten ihre Kenntnisse vom Lauf der Gestirne, um den Wechsel der Jahreszeiten rechtzeitig zu erkennen. So wußten die Ägypter, daß die nächste jährliche Nilüberflutung bevorstand, wenn der Stern Sirius mit der Sonne stieg.

Diese arabische Handschrift (14.Jh.) zeigt den Gebrauch eines Astrolabiums.

*Dieser Stein markiert den ursprünglichen Zugang zur Anlage.*

*Zugang (Avenue)*

*Sonne*

*Schlächterstein im Eingangsbereich*

*Altarstein*

*Positionsstein*

*Hügelgrab*

*Ringgraben und Wall*

*Kreis aus Sarsensteinen mit Querblöcken*

# Ordnung im Universum

**STERNGUCKER**
Hipparchos (190–120 v.Chr.) katalogisierte über 1000 Sterne und entwickelte die Trigonometrie. Teleskope gab es zu seiner Zeit noch nicht; er peilte die Sterne durch ein Rohr an.

*Julius Caesar*

**DAS SCHALTJAHR**
Bereits die antiken Astronomen und Priester erkannten, daß Mond- und Sonnenjahr nicht übereinstimmen (S.13). Um die Mitte des 1.Jh.s v.Chr. war der römische Kalender so sehr außer Tritt geraten, daß Julius Caesar (100–44 v.Chr.) den Mathematiker Sosigenes mit der Entwicklung eines neuen Systems beauftragte. Dieser führte das Schaltjahr ein.

Unser Wissen über die antike Astronomie verdanken wir hauptsächlich dem alexandrinisch-griechischen Philosophen Claudius Ptolemäus (um 100–178 n.Chr.). Neben seinen vielfältigen eigenen Forschungen sammelte und systematisierte er die Werke früherer Astronomen. Sein mehrbändiges Hauptwerk *Almagest*, das auf dem Sternverzeichnis des Astronomen Hipparchos fußt, enthielt als Lehrbuch der Astronomie u.a. einen ausführlichen Katalog aller damals bekannten Sterne. Im *Tetrabiblos* („Viererbuch") befaßte sich Ptolemäus mit der Astrologie. Seine Bücher stellten rund 1600 Jahre lang unangefochten den Stand des Wissens dar. In ihrer arabischen Übersetzung überdauerten sie den Zusammenbruch des Römischen Reichs (ab dem 4. Jahrhundert n.Chr.), in dessen Folge viele Bibliotheken zerstört wurden und unersetzliche wissenschaftliche Werke den Flammen zum Opfer fielen.

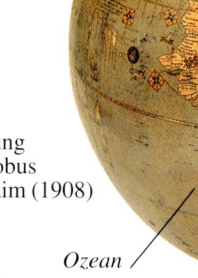

*Europa*
*Rotes Meer*
*Nachbildung des Erdglobus nach Behaim (1908)*
*Ozean*
*Afrika*

**ATLAS, TRÄGER DES HIMMELS**
Aus dem Altertum sind nur wenige Darstellungen von Sternbildern erhalten. Die wichtigste ist diese römische Marmorstatue, die im 2.Jh.n.Chr. nach einem griechischen Vorbild entstand. Das Relief der Himmelskugel zeigt alle 48 ptolemäischen Sternbilder.

**KUGELGESTALT**
Die Vorstellung von der Erde als Kugel existierte bereits im Griechenland des 6.Jh.s v.Chr., und zu Ptolemäus' Zeit gehörten Erd- und Himmelsgloben zum üblichen Instrumentarium der Astronomen. Den nach der Antike ersten Erdglobus entwarf der Nürnberger Martin Behaim im 15.Jh.

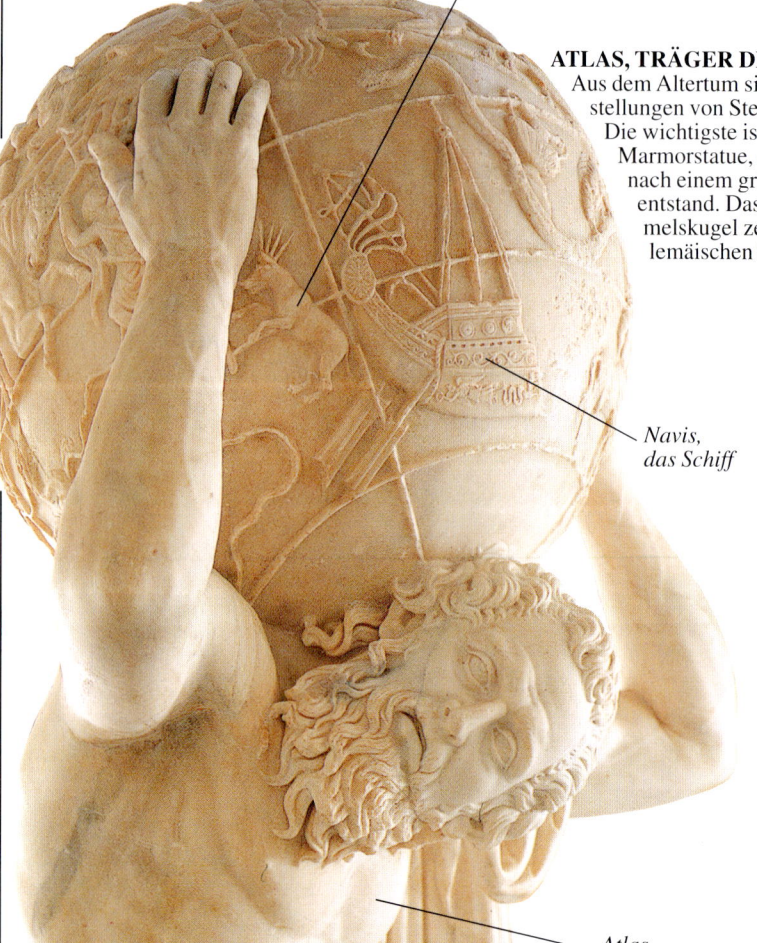

*Sirius im Sternbild Großer Hund*
*Navis, das Schiff*
*Atlas*

**FORSCHUNG UND LEHRE**
Im Mittelalter förderten vor allem die islamischen Kulturen die Astronomie. Im 15.Jh. gründete der usbekische Astronom Ulug Beg in seinem Observatorium bei Samarkand/Mittelasien eine Astronomieschule. Die Gestirne wurden damals mit bloßem Auge beobachtet.

# Das geozentrische System

In der Regel macht man sich von dem, was man sieht, eine Vorstellung und hält diese für wahr, solange nichts Gegenteiliges bewiesen ist. Von der Erde aus gesehen kreisen die Gestirne über uns. Daß auch die Erde selbst sich bewegt, ist nicht wahrnehmbar. Daher nahmen die Philosophen der Antike an, die Erde ruhe im Zentrum des Kosmos und die Planeten seien in konzentrischen Schichten um die Erde angeordnet. Als äußere, das Ganze umschließende Schicht vermuteten sie eine Kristallsphäre mit den Fixsternen.

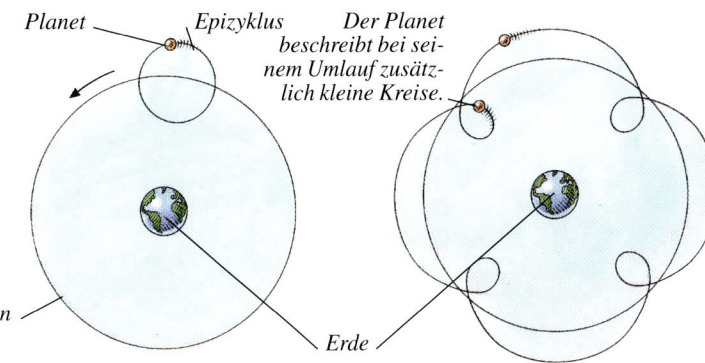

## DIE ERDE ALS ZENTRUM
Das geozentrische (erdzentrierte) System nennt man auch ptolemäisches System. Ptolemäus sah die Erde als Mittelpunkt des Universums an, um den Mond, Planeten und Sonne kreisen. Der griechische Astronom Aristarchos (um 310–230 v.Chr.) vermutete bereits, daß sich die Erde um die Sonne bewegt. Seine Theorie wurde jedoch abgelehnt, weil sie mit den damaligen Vorstellungen nicht in Einklang zu bringen war.

Das ptolemäische System (Stich von 1490)

## WIDERSPRÜCHLICHES VERHALTEN
Das Hauptproblem beim geozentrischen Modell ist die Interpretation der Bewegungen der Planeten (Wandelsterne). Manchmal scheinen sie relativ zu den Fixsternen stillzustehen, um danach eine Weile rückwärts zu laufen (S.19). Ursprünglich hielt man diese Abweichungen für Zeichen der Götter. Später suchte man nach logisch nachvollziehbaren Erklärungen. Als einleuchtend erwies sich schließlich die Vorstellung von Epizyklen – kleinen Kreisen um die eigentliche Umlaufbahn.

## HIMMELSKREISE
Die dreidimensionalen Bewegungen der Himmelskörper sind nicht leicht zu erklären. Diese kunstvoll ausgeführte Armillarsphäre dient zur Veranschaulichung der komplizierten Zusammenhänge im ptolemäischen System.

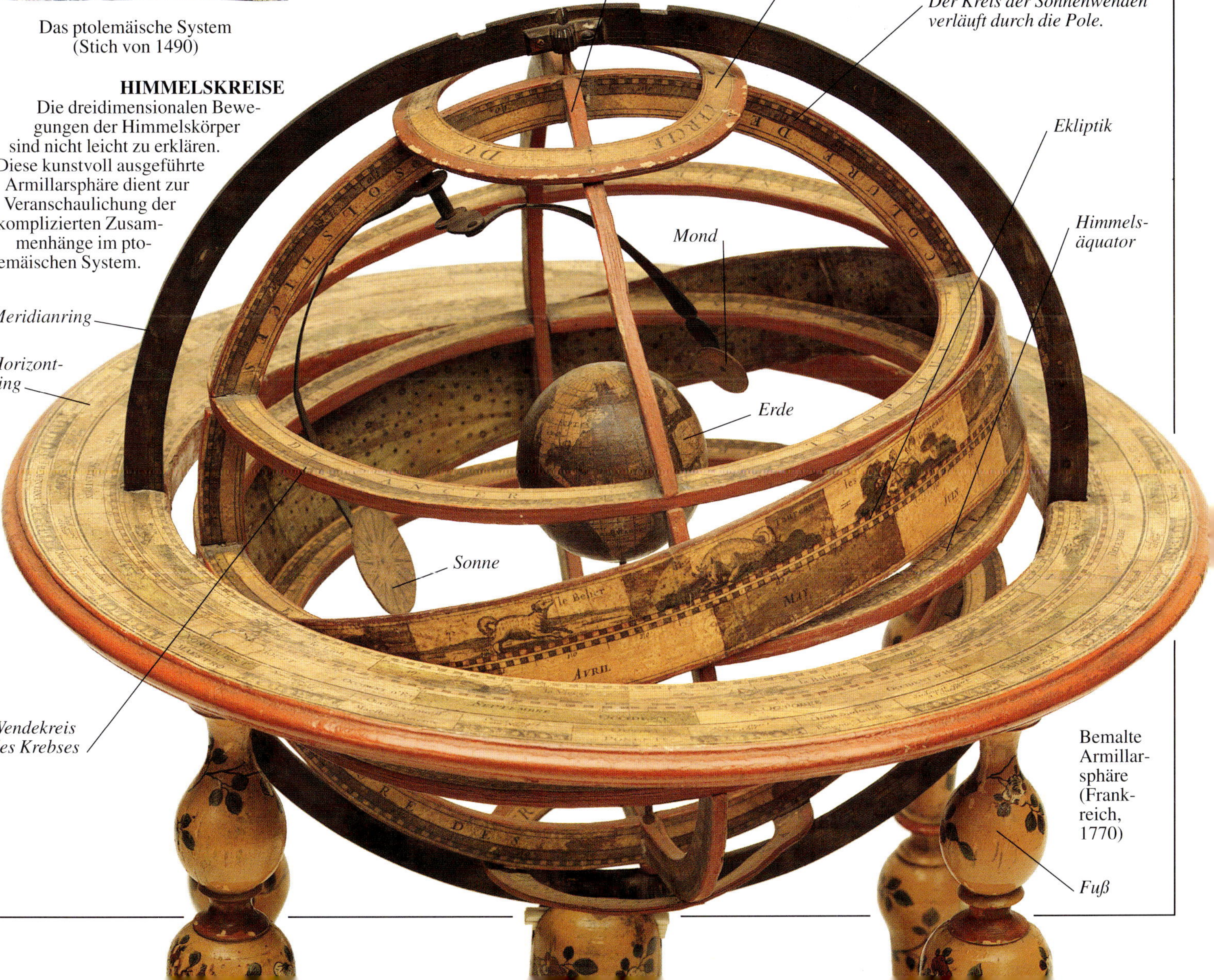

Bemalte Armillarsphäre (Frankreich, 1770)

# Die Himmelskugel

Die Positionen der Himmelskörper werden im Verhältnis zu bestimmten Himmelskoordinaten angegeben. Wie auf dieser Grundlage Himmelskarten entstehen, kann man sich am besten klarmachen, wenn man sich das Universum so vorstellt, wie es die Astronomen des Altertums taten. Sie hatten keinerlei Hinweis auf eine Eigenbewegung der Erde und nahmen daher an, sie werde als ruhender Körper von den Gestirnen umkreist. Aus dieser Perspektive bewegen sich die Fixsterne am Himmel in Kreisbahnen um einen bestimmten Punkt. Diesen hielt man für einen Endpunkt der Achse einer riesigen Himmelskugel, die wie die Erdkugel einen Südpol, einen Nordpol und einen Äquator hat.

Man glaubte, die Himmelskugel bestehe aus einem kristallinen Material und trage die Fixsterne an gegeneinander unveränderlichen Positionen. Diese alte Vorstellung liegt auch den heute verwendeten Himmelskoordinaten zugrunde.

**STERNENKARUSSELL**
Eine Langzeitaufnahme des Nachthimmels über der nördlichen Erdhalbkugel zeigt, daß die Sterne Kreisbahnen um den Polarstern zu beschreiben scheinen. Dieser helle Stern im Sternbild Kleiner Bär liegt im Bereich von 1° zur Richtung der Erdachse, die Nord- und Südpol verbindet. Die scheinbaren Kreisbahnen der Sterne am Himmel kommen durch die Drehung der Erde um diese Achse zustande. Je näher ein Stern am Polarstern liegt, desto enger ist seine Kreisbahn.

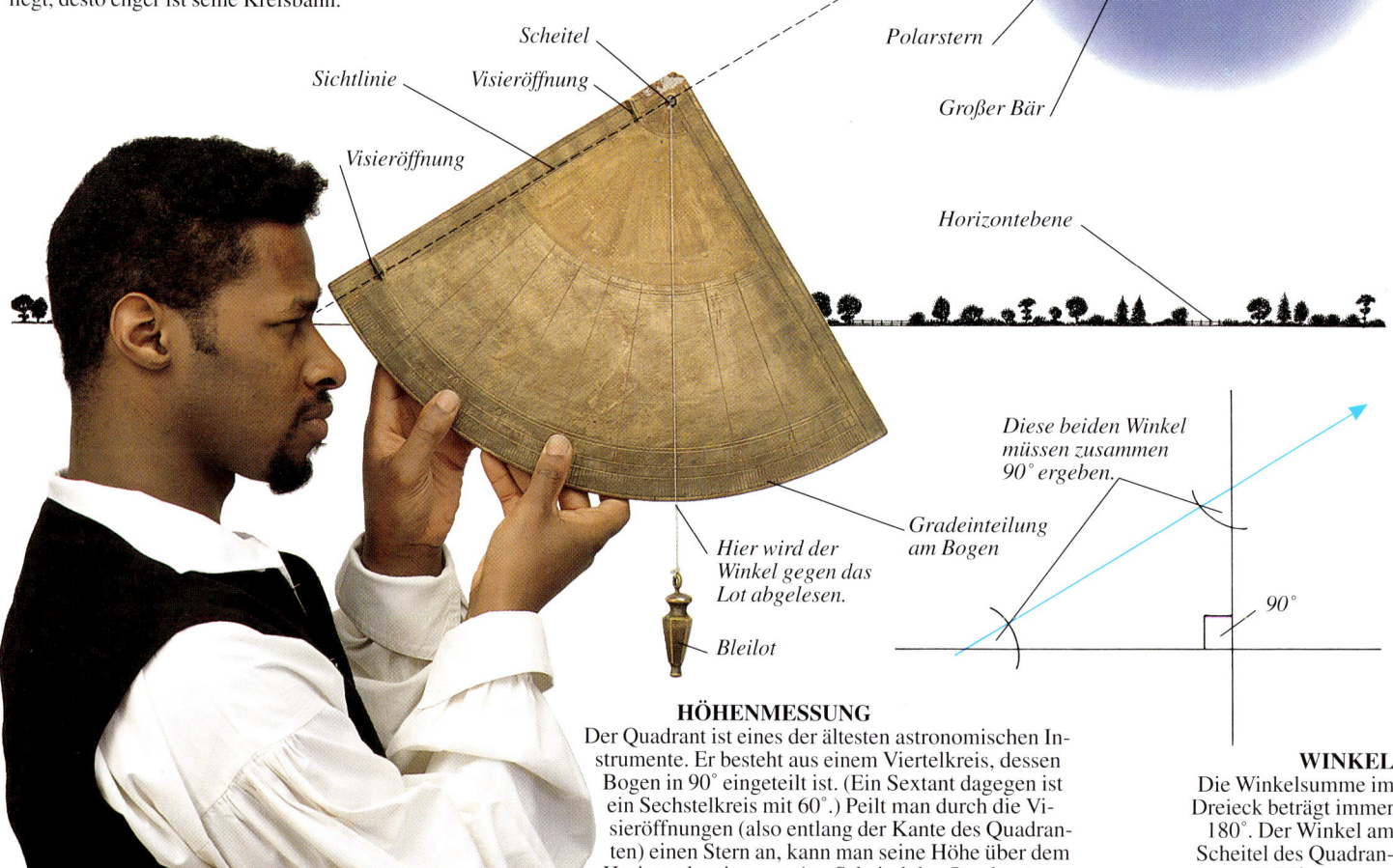

**HÖHENMESSUNG**
Der Quadrant ist eines der ältesten astronomischen Instrumente. Er besteht aus einem Viertelkreis, dessen Bogen in 90° eingeteilt ist. (Ein Sextant dagegen ist ein Sechstelkreis mit 60°.) Peilt man durch die Visieröffnungen (also entlang der Kante des Quadranten) einen Stern an, kann man seine Höhe über dem Horizont bestimmen. Am Scheitel des Quadranten ist ein Lot angebracht, dessen Schnur den Bogen bei einem bestimmten Winkel schneidet. Da der Winkel zwischen der vertikal verlaufenden Schnur und der Horizontebene stets 90° beträgt, läßt sich die Winkelhöhe des Sterns leicht bestimmen.

**WINKEL**
Die Winkelsumme im Dreieck beträgt immer 180°. Der Winkel am Scheitel des Quadranten mißt 90°; also verbleiben für die anderen beiden noch 90°.

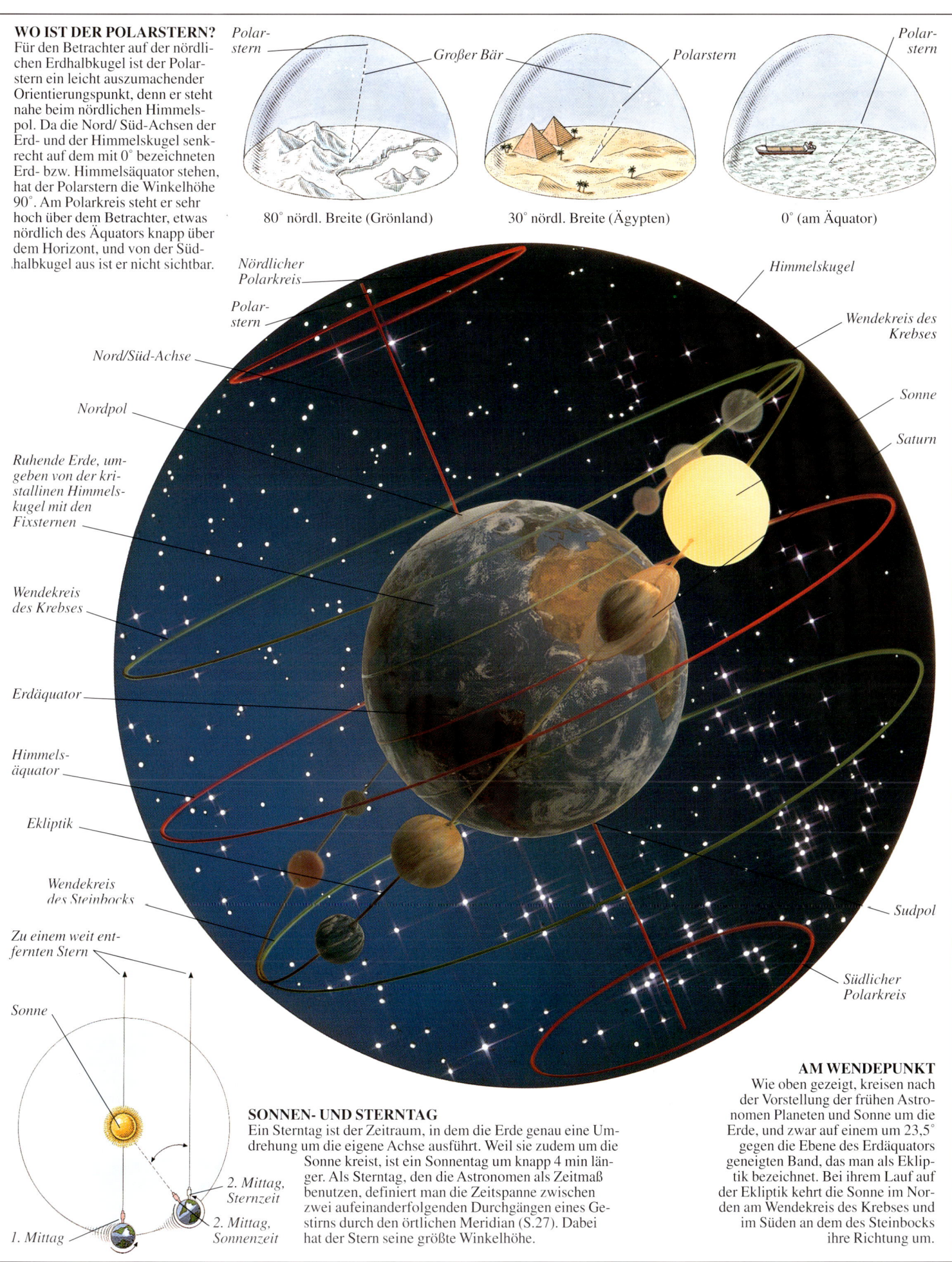

# Vom Nutzen der Astronomie

Angesichts der heutigen technischen Möglichkeiten können wir uns kaum vorstellen, wie man früher ohne Uhren und Landkarten die Zeit bestimmte und seinen Standort auf der Erde ermittelte. Es standen nur die Hilfsmittel zur Verfügung, die die Natur bereitstellt. Astronomische Gegebenheiten wie die relativ gleichmäßige Tageslänge, die regelmäßige Bewegung der Fixsterne und die Vorstellung von der Kugelform der Erde bildeten die Grundlagen damaliger Zeitmessung und Ortsbestimmung. Die alten Griechen ermittelten die Höhe von Gestirnen und zogen aus den Ergebnissen Rückschlüsse auf Form und Größe der Erde. Dadurch waren sie bald auch in der Lage, die geographische Breite (S. 26–27) ihres Standortes anzugeben. Auf einem Globus mit entsprechenden Koordinaten wurde die Position eingezeichnet. Die Tageszeit ermittelte man mit Hilfe des Schattenstabes einer Sonnenuhr.

**DER ERDUMFANG**
Der griechische Gelehrte Eratosthenes (um 270–190 v.Chr.) stellte fest, daß sich die Sonne in Syene/Oberägypten am Mittag direkt über ihm befand. Weiter nördlich, in Alexandria, stand sie zur gleichen Zeit um 7° tiefer. Da einer ganzen Kugel ein Winkel von 360° entspricht, beträgt die Entfernung von ca. 780 km zwischen den beiden Orten 7/360 des Erdumfangs.

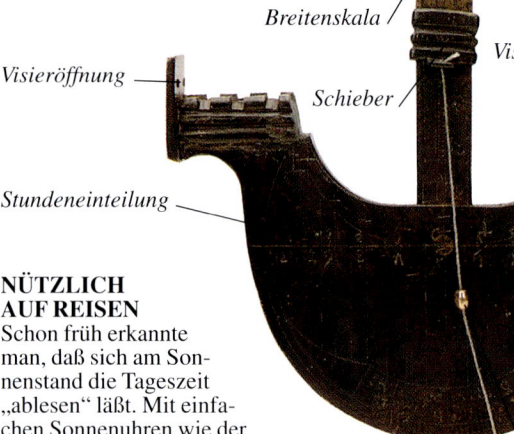

**NÜTZLICH AUF REISEN**
Schon früh erkannte man, daß sich am Sonnenstand die Tageszeit „ablesen" läßt. Mit einfachen Sonnenuhren wie der rechts oben abgebildeten konnten Reisende die jeweilige Ortszeit bestimmen. Mit Hilfe der Visieröffnungen an „Bug und Heck" des schiffähnlichen Instruments wurde die Sonnenhöhe ermittelt. Wenn man dann den Schieber auf die richtige Breite einstellte, zeigte die Lotschnur die Zeit an.

**SONNENZEIT**
Während des Laufs der Sonne über den Himmel ändern sich Richtung und Länge des Schattens, den ein Gegenstand wirft. Der Zeiger einer Sonnenuhr wird so angebracht, daß sein Schatten zur Mittagszeit, wenn die Sonne am höchsten steht, in Richtung Meridian fällt. Der Meridian durch den betreffenden Ort verläuft genau in Nord/Süd-Richtung und verbindet die Pole der Erde. Auf der Fläche, die der Stabschatten überstreicht, werden Markierungen für die Stunden angebracht.

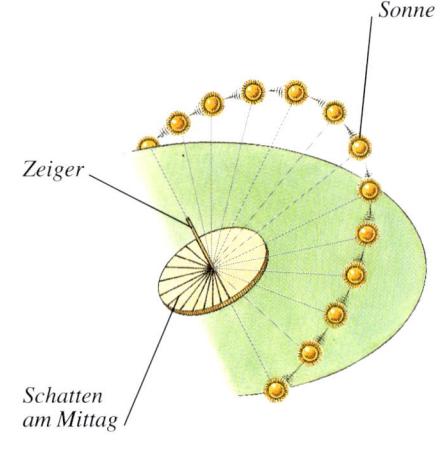

**STERNE ALS WEGWEISER**
In Europa glaubte man lange, die Polynesier seien nicht in der Lage gewesen, große Entfernungen auf See zu überwinden. Doch manche Stämme, darunter die Maori, konnten durchaus über Tausende von Kilometern navigieren, wobei ihnen nur die Sterne zur Orientierung dienten.

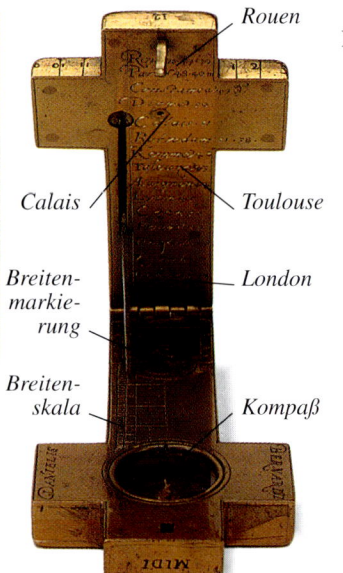

**GEBETSHILFE**
Die Moslems verbeugen sich bei ihren regelmäßigen Gebeten zur heiligen Stadt Mekka hin. Mit diesem im Mittelalter entwickelten Instrument (Qibla) kann der Gläubige nicht nur feststellen, in welcher Richtung Mekka liegt, sondern auch Anfang und Ende der Gebetszeiten ermitteln.

**SCHMUCKLOS**
Christliche Pilger, die schmückendes Beiwerk als Ausdruck von Eitelkeit ablehnten, benutzten einfache Sonnenuhren in Kreuzform. Mit der hier abgebildeten Uhr läßt sich in einigen Städten in England und Frankreich die Ortszeit feststellen.

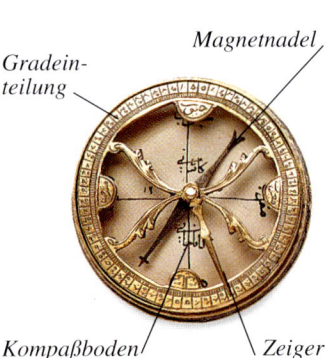

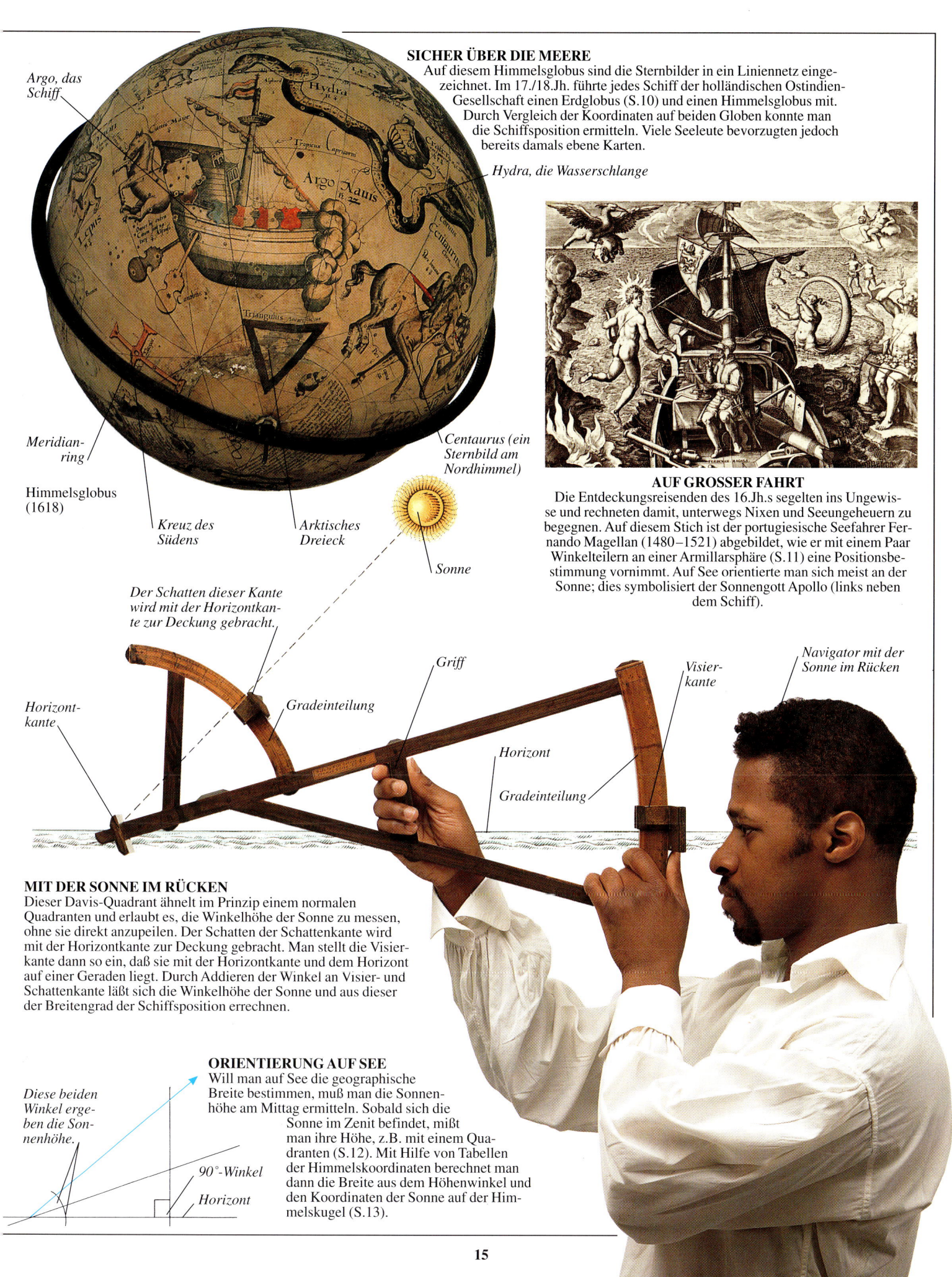

*Argo, das Schiff*

### SICHER ÜBER DIE MEERE
Auf diesem Himmelsglobus sind die Sternbilder in ein Liniennetz eingezeichnet. Im 17./18.Jh. führte jedes Schiff der holländischen Ostindien-Gesellschaft einen Erdglobus (S.10) und einen Himmelsglobus mit. Durch Vergleich der Koordinaten auf beiden Globen konnte man die Schiffsposition ermitteln. Viele Seeleute bevorzugten jedoch bereits damals ebene Karten.

*Hydra, die Wasserschlange*

*Meridianring*

Himmelsglobus (1618)

*Kreuz des Südens*

*Arktisches Dreieck*

*Centaurus (ein Sternbild am Nordhimmel)*

*Sonne*

### AUF GROSSER FAHRT
Die Entdeckungsreisenden des 16.Jh.s segelten ins Ungewisse und rechneten damit, unterwegs Nixen und Seeungeheuern zu begegnen. Auf diesem Stich ist der portugiesische Seefahrer Fernando Magellan (1480–1521) abgebildet, wie er mit einem Paar Winkelteilern an einer Armillarsphäre (S.11) eine Positionsbestimmung vornimmt. Auf See orientierte man sich meist an der Sonne; dies symbolisiert der Sonnengott Apollo (links neben dem Schiff).

*Der Schatten dieser Kante wird mit der Horizontkante zur Deckung gebracht.*

*Griff*

*Visierkante*

*Navigator mit der Sonne im Rücken*

*Horizontkante*

*Gradeinteilung*

*Horizont*

*Gradeinteilung*

### MIT DER SONNE IM RÜCKEN
Dieser Davis-Quadrant ähnelt im Prinzip einem normalen Quadranten und erlaubt es, die Winkelhöhe der Sonne zu messen, ohne sie direkt anzupeilen. Der Schatten der Schattenkante wird mit der Horizontkante zur Deckung gebracht. Man stellt die Visierkante dann so ein, daß sie mit der Horizontkante und dem Horizont auf einer Geraden liegt. Durch Addieren der Winkel an Visier- und Schattenkante läßt sich die Winkelhöhe der Sonne und aus dieser der Breitengrad der Schiffsposition errechnen.

*Diese beiden Winkel ergeben die Sonnenhöhe.*

*90°-Winkel*

*Horizont*

### ORIENTIERUNG AUF SEE
Will man auf See die geographische Breite bestimmen, muß man die Sonnenhöhe am Mittag ermitteln. Sobald sich die Sonne im Zenit befindet, mißt man ihre Höhe, z.B. mit einem Quadranten (S.12). Mit Hilfe von Tabellen der Himmelskoordinaten berechnet man dann die Breite aus dem Höhenwinkel und den Koordinaten der Sonne auf der Himmelskugel (S.13).

# Astrologie

**BLICK IN DIE ZUKUNFT**
Den Astrologen früherer Zeiten ging es vor allem darum, die Zukunft vorherzusagen. Auf diesem Holzschnitt (1490) ist ein Sterndeuter dabei, den Einfluß von Sonne, Mond und Planeten zu ergründen.

Das Wort Astrologie kommt aus dem Griechischen: *astron* ist der Stern und *logos* die Wissenschaft. Schon die Babylonier vermuteten hinter dem Geschehen am Nachthimmel einen umfassenden kosmischen Plan. Priester und Philosophen waren überzeugt, daß es zwischen der Sternenwelt und dem menschlichen Leben einen Zusammenhang gibt und daß sich aus den Bewegungen der Gestirne Botschaften herauslesen und Muster erkennen lassen, die einen Einfluß auf die Zukunft haben. So ging aus dem reinen Beobachten von Sternen und Planeten allmählich die Astrologie hervor, die bis heute im Leben vieler Menschen eine Rolle spielt. Da wissenschaftlich nicht beweisbar ist, ob die Gestirne Charakter und Schicksal der Menschen beeinflussen, ist die Astrologie eine Glaubensfrage. Dennoch sollte man nicht verkennen, daß sie durchaus ihre Verdienste hat. Als die exakten Wissenschaften im Mittelalter unterdrückt wurden, existierte die Astrologie weiter und hielt so das Interesse an den Sternen lebendig.

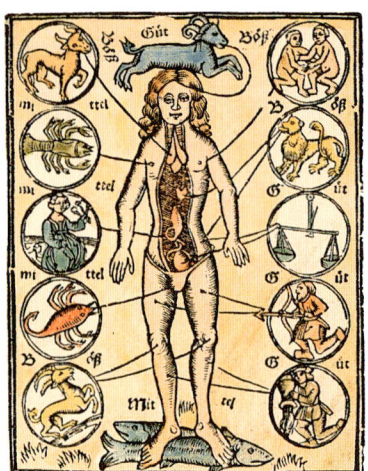

**OB DAS WOHL HALF?**
Früher glaubte man, die Funktion der Organe werde von vier Körpersäften bestimmt. Man brachte jedes der zwölf Tierkreiszeichen mit bestimmten Körpersäften und Körperteilen in Verbindung und leitete daraus Behandlungsmethoden für Krankheiten ab. Gegen Kopfschmerzen, die man auf Flüssigkeitsansammlungen im Kopf zurückführte, wurde, wenn der Mond im Sternbild Widder stand, ein austrocknendes Mittel aus einer vom Sternbild Jungfrau beherrschten Pflanze verabreicht.

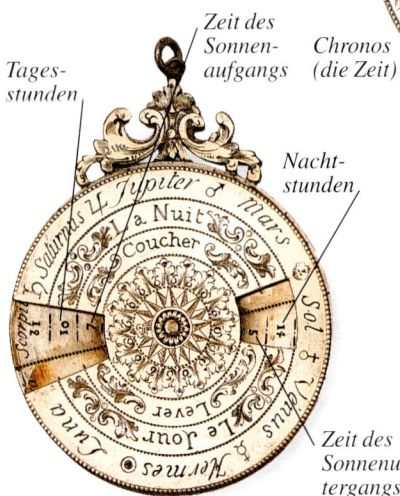

**EWIGER KALENDER**
Im Französischen sind die Bezeichnungen der Wochentage von den Namen von Gestirnen abgeleitet, z.B. *mardi* (Dienstag) vom Mars und *vendredi* (Freitag) von der Venus. Mit dem hier abgebildeten ewigen Kalender aus Frankreich läßt sich ermitteln, auf welchen Wochentag ein beliebiges Datum fällt.

**KRAFT, MUT UND GRÖSSE**
Jedem Tierkreiszeichen schreibt man bestimmte Eigenschaften und von Zu- oder Abneigung geprägte Beziehungen zu den anderen Zeichen zu. Das gleiche gilt für die Planeten, die den einzelnen Tierkreiszeichen zugeordnet sind. So gelten z.B. Menschen, die im Zeichen des Löwen (des Königs der Tiere) geboren wurden, als Herrschernaturen.

## PLANETENPOSITIONEN

Ob zwei Planeten miteinander harmonieren, hängt in der Astrologie davon ab, wie sie im Tierkreis zueinander stehen. Bei der Konjunktion schließen sie einen kleinen Winkel ein, und bei der Opposition stehen sie einander im Winkel von 180° gegenüber.

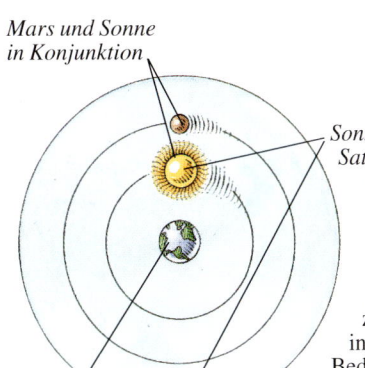

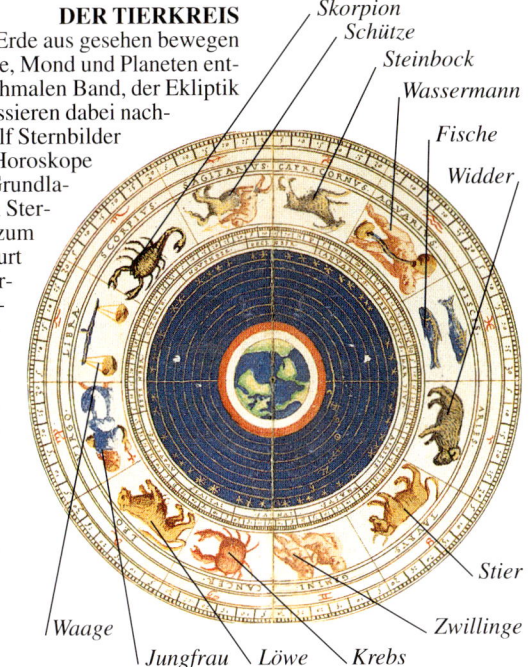

## KONJUNKTION

Der Zeichnung links liegt das geozentrische System (S.10–11) zugrunde. Konjunktionen können in der Astrologie gute oder schlechte Bedeutung haben, je nachdem, in welcher Beziehung die Planeten zueinander stehen. Oppositionen dagegen gelten stets als unheilvoll.

## DER TIERKREIS

Von der Erde aus gesehen bewegen sich Sonne, Mond und Planeten entlang einem schmalen Band, der Ekliptik (S.13), und passieren dabei nacheinander die zwölf Sternbilder des Tierkreises. Horoskope werden auf der Grundlage der Position von Sternen und Planeten zum Zeitpunkt der Geburt eines Menschen erstellt. Diese Konstellation soll Persönlichkeit und Schicksal des Betreffenden bestimmen.

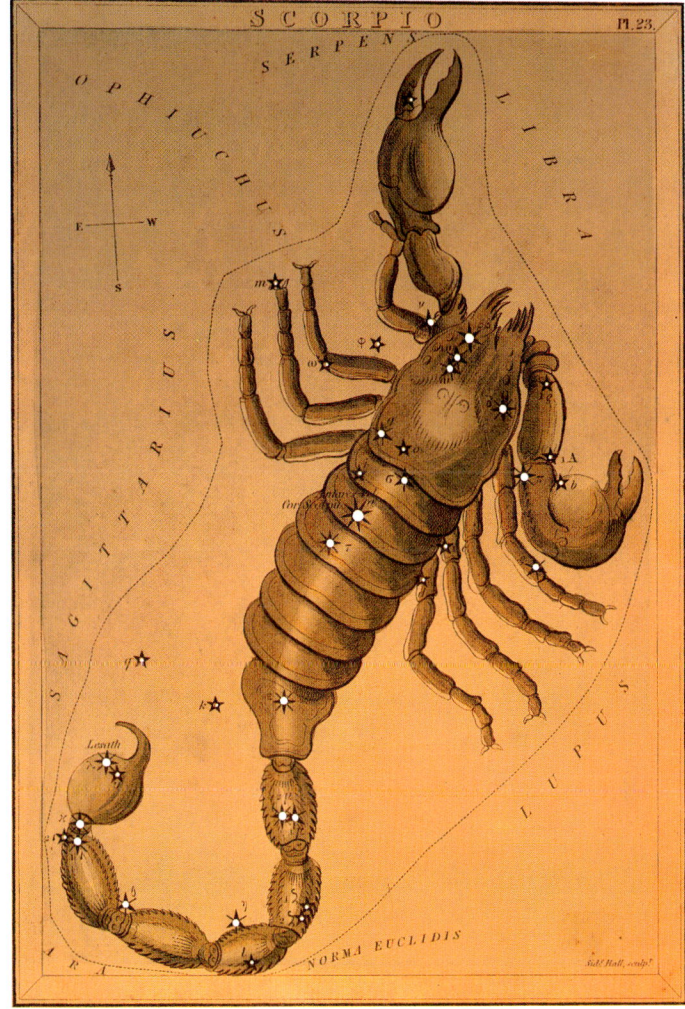

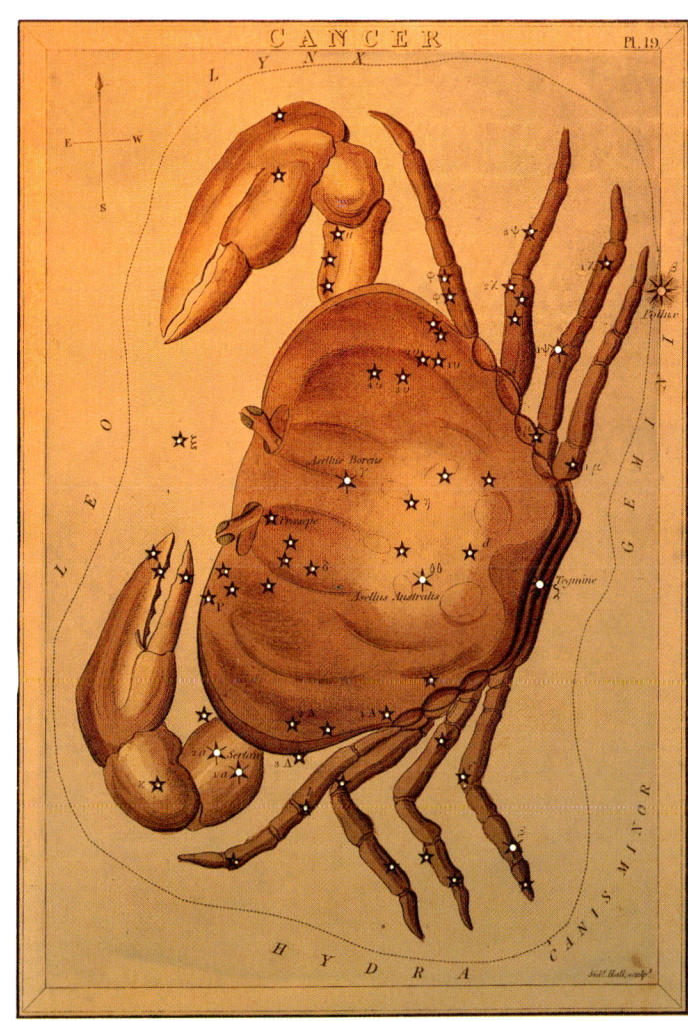

## UNBERECHENBAR WIE EIN SKORPION

Unsere Bezeichnungen für die zwölf Tierkreiszeichen sind aus dem Lateinischen übersetzt. Oben ist das Sternbild Skorpion dargestellt, das die Sonne zwischen Ende Oktober und Ende November passiert. Menschen, die in dieser Zeit geboren wurden, gelten als leidenschaftlich, aufbrausend und manchmal auch als hinterhältig.

## AM SCHÖNSTEN IST ES ZU HAUSE

Den im Sternbild Krebs Geborenen sagt man nach, sie seien häuslich – wie ein Krebs in seinem Panzer. Die hier gezeigten Tafeln (Frankreich, 19.Jh.) sind handgemalt. Gegen das Licht gehalten zeigen sie die Positionen der einzelnen Sterne. Die ganze Sammlung bezeichnet man nach der griechischen Muse der Astronomie als *Uranias Spiegel*.

# Das kopernikanische System

Kurz vor seinem Tod veröffentlichte der polnische Astronom Nikolaus Kopernikus (1473–1543) sein Hauptwerk *De revolutionibus orbium coelestium* (Über die Kreisbewegungen der Weltkörper) und schuf damit die Grundlage für eine völlig neue Auffassung vom Sonnensystem. Das von ihm beschriebene System, in dem die Sonne und nicht die Erde den Mittelpunkt bildet, bezeichnet man als heliozentrisch (griech. *helios* = Sonne). Kopernikus ging davon aus, daß das Universum selbst und alle Himmelskörper kugelförmig sind und ihre Umlaufbahnen daher kreisförmig sein müssen. Daß die Bahnen von der Erde aus nicht kreisförmig erscheinen, sondern Unregelmäßigkeiten aufweisen, führte Kopernikus darauf zurück, daß die Erde, anders als im geozentrischen System (S.10–11) angenommen, nicht im Mittelpunkt des Universums ruht, sondern sich ebenfalls auf einer Kreisbahn bewegt. Diese Ansicht fand in Astronomenkreisen zwar Befürworter, stand jedoch im Widerspruch zur kirchlichen Lehre. Im Jahr 1616 verbot die römisch-katholische Kirche sämtliche Schriften, in denen behauptet wurde, die Erde sei nicht der Mittelpunkt des Universums.

**EIN BÜCHERWURM**
Kopernikus nahm selbst nur wenige astronomische Beobachtungen vor. Er studierte die Schriften der antiken Naturphilosophen und kam zu dem Schluß, daß deren Theorien über den Aufbau des Universums nicht zutreffen.

**DIE SONNE IM MITTELPUNKT**
Kopernikus ordnete die Planeten nach ihrer Umlaufdauer, d.h. der Zeit, die sie für eine komplette Umrundung der Sonne benötigen. Der Abbildung oben liegt das heliozentrische System zugrunde.

**SPEKTAKULÄRE ENTDECKUNG**
Der dänische Astronom Tycho Brahe (1546–1601) entdeckte 1572 im Sternbild Cassiopeia einen vermeintlich neuen Stern (eine Nova), der so hell leuchtete, daß er sogar am Tage zu sehen war. Dieses Ereignis erschütterte die althergebrachte Überzeugung, die Sterne seien auf ewig unwandelbar. Brahe ließ bei Kopenhagen ein Observatorium errichten. Er maß die Koordinaten von 788 Sternen aus Ptolemäus' Katalog neu und erstellte den ersten modernen Sternatlas.

Uraniborg, Brahes Observatorium auf einer Insel bei Kopenhagen

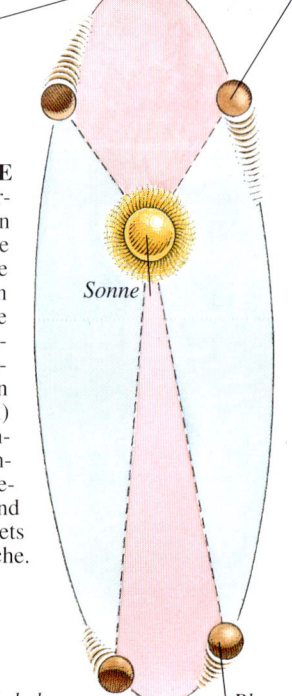

**DIE KEPLERSCHEN GESETZE**
Johannes Kepler fand durch Vergleich seiner Ergebnisse mit den Meßwerten Brahes heraus, daß die Umlaufbahnen der Planeten keine Kreise, sondern Ellipsen sind, in deren einem Brennpunkt sich die Sonne befindet. Durch Beobachtung erkannte Kepler, daß die Umlaufgeschwindigkeit der Planeten variiert. In Sonnennähe (am Perihel) sind sie am schnellsten, in Sonnenferne (am Aphel) am langsamsten. Dabei überstreicht eine gedachte Linie zwischen Sonne und Planet in gleichen Zeiträumen stets die gleiche Fläche.

**ZEICHNEN EINER ELLIPSE**
Man steckt zwei Nadeln in einigem Abstand in ein Stück Karton. Um die Nadeln legt man eine Fadenschlinge. Wenn man die Schlinge mit einem Stift spannt und diesen dann um die Nadeln herumführt, erhält man eine Ellipse. Die beiden Nadeln bilden die Brennpunkte der Ellipse. Je weiter diese auseinanderliegen und je kürzer der Faden ist, desto exzentrischer ist die Ellipse.

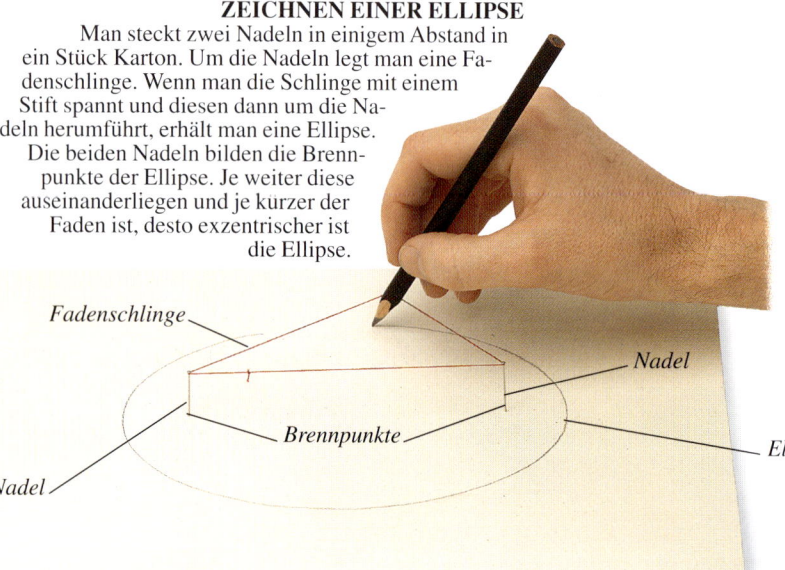

**JOHANNES KEPLER**
1601 wurde Johannes Kepler (1571–1630) auf Empfehlung Tycho Brahes dessen Nachfolger als Hofastronom Rudolfs II. in Prag. Kepler war ein überzeugter Befürworter des heliozentrischen Systems. Er erarbeitete drei grundlegende Gesetze zur Planetenbewegung und drängte Galilei (S.20) zur Veröffentlichung von dessen Ergebnissen.

Planetenbahnen in einem Planetarium

**SCHEIN UND SEIN**
Anhand der von der Erde aus gesehen zuweilen rückläufigen Planetenbahnen (besonders ausgeprägt beim Mars, siehe Abbildung oben) konnte das geozentrische System schließlich widerlegt werden. Ptolemäus hatte dies so erklärt, daß die rückläufige Bewegung durch zusätzliche Kreise auf der eigentlichen Umlaufbahn zustande kommt (Epizyklen, S.11). Im heliozentrischen System lassen sich die Bahnabweichungen einleuchtender erklären. Man muß hierbei davon ausgehen, daß die Erde eine höhere Umlaufgeschwindigkeit hat als der Mars, so daß dieser hinter ihr zurückbleibt. Obwohl die Marsbahn mit der Erde Schritt zu halten scheint, beschreibt sie für den irdischen Beobachter eine Schleife.

*Scheinbare Marsbahn* *Sichtlinie*

*Tatsächliche Marsbahn* *Sonne* Modell des tatsächlichen und des scheinbaren Verlaufs der Marsbahn *Umlaufbahn der Erde*

**VERGLEICH DER THEORIEN**
Auf diesem Stich (17.Jh.) wägt Urania, die Muse der Astronomie, die drei Theorien über den Aufbau des Universums gegeneinander ab. Die des Ptolemäus liegt zu ihren Füßen, und an der Waage hängen Keplers (links) und Brahes (rechts) Theorie.

# Vordenker und Wegbereiter

Wer umwälzendes Gedankengut vertritt, braucht Mut und auch Glück. An Mut fehlte es dem italienischen Physiker Galileo Galilei (1564–1642) nicht, doch er entwickelte seine brillanten Ideen zu einer Zeit, in der es gefährlich war, das anerkannte System in Frage zu stellen. Seine Entdeckungen, die er meist mit Hilfe des gerade erfundenen Teleskops machte, bestätigten Kopernikus' heliozentrisches System (S.18–19). Galileis Erkenntnisse über die Jupitermonde und die Phasen der Venus bewiesen klar, daß die Erde nicht der Mittelpunkt aller Abläufe im Universum ist. Dennoch wurde Galilei als Ketzer angeklagt und zum Widerruf seiner Lehren sowie zu lebenslangem Hausarrest verurteilt. Dem großen englischen Physiker Isaac Newton (1642–1727), der in Galileis Todesjahr geboren wurde, war mehr Glück beschieden. Zu seiner Zeit war man offen für neue Erkenntnisse, insbesondere auf naturwissenschaftlichem Gebiet.

**NEUE WELTEN TUN SICH AUF**
Galilei nahm nie für sich in Anspruch, das Teleskop erfunden zu haben. In einem seiner Werke bezieht er sich auf den „Zufallstreffer" des holländischen Brillenmachers Lippershey (S.22). Galilei konstruierte das Instrument anhand der Beschreibung seiner Wirkung selbst. Sein erstes Teleskop vergrößerte achtfach. Wenige Tage später hatte er bereits ein neues mit 20facher Vergrößerung gebaut und konnte diese noch auf 30fach steigern.

**FREUND ODER FEIND?**
Anfangs hatte die katholische Kirche Kopernikus' Werk (S.18–19) gebilligt. Ab 1563 zeigte sie sich jedoch immer unnachgiebiger gegenüber Meinungen, die von der offiziellen Lehre abwichen. Papst Urban VIII. war an diesem Umschwung maßgeblich beteiligt. Als Kardinal war er Galilei noch freundlich gesonnen, ermächtigte dann aber 1633 die Inquisition zum Verfahren gegen ihn.

**BERGE AUF DEM MOND**
Mit seinem Teleskop vermaß Galilei die Schatten auf dem Mond, um die Höhe der Mondgebirge zu ermitteln. Diese Tuscheskizzen erschienen 1610 in seinem Buch *Siderius Nuntius* (Der Sternenbote).

**GERECHTIGKEIT FÜR GALILEI**
1611 reiste Galilei nach Rom, um den Kirchenoberhäuptern seine Erkenntnisse über das Sonnensystem darzulegen. Zwar waren sie von seinen Entdeckungen beeindruckt, doch lehnten sie die zugrundeliegende Theorie – das heliozentrische System (S.18–19) – entschieden ab. Galilei wurde der Ketzerei beschuldigt und verurteilt. Erst 1992 wurde er rehabilitiert.

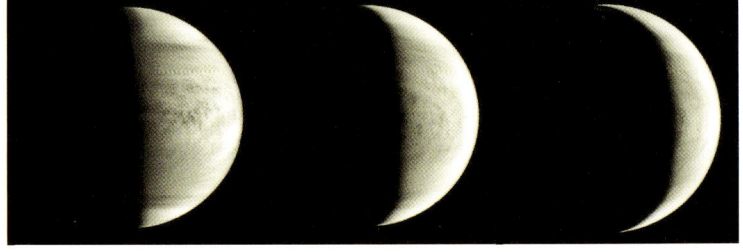

**DIE PHASEN DER VENUS**
Galilei glaubte stets nur das, was sich beweisen ließ. 1610 führte er den Gebrauch des Teleskops in die Astronomie ein und entdeckte mehrere Jupitermonde und die Phasen der Venus. Letztere erklärte er damit, daß der Planet von der Sonne beschienen wird, während er sie umrundet. Damit war für ihn klar, daß die Erde nicht das Zentrum des Universums bildet. Da ihm bewußt war, daß dies der kirchlichen Lehrmeinung widersprach, schrieb er seine Erkenntnisse in verschlüsselter Form nieder.

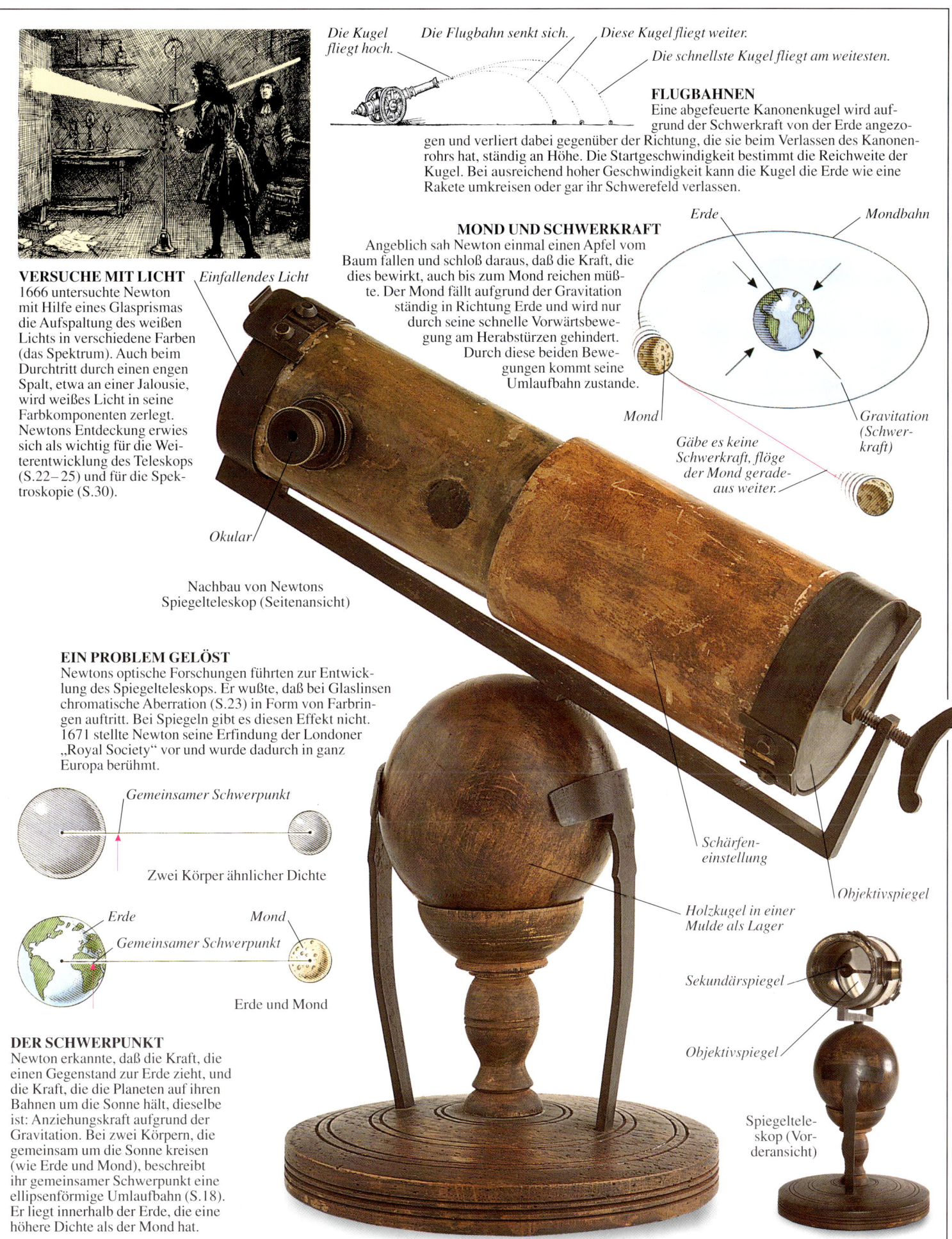

*Die Kugel fliegt hoch.* *Die Flugbahn senkt sich.* *Diese Kugel fliegt weiter.*
*Die schnellste Kugel fliegt am weitesten.*

### FLUGBAHNEN
Eine abgefeuerte Kanonenkugel wird aufgrund der Schwerkraft von der Erde angezogen und verliert dabei gegenüber der Richtung, die sie beim Verlassen des Kanonenrohrs hat, ständig an Höhe. Die Startgeschwindigkeit bestimmt die Reichweite der Kugel. Bei ausreichend hoher Geschwindigkeit kann die Kugel die Erde wie eine Rakete umkreisen oder gar ihr Schwerefeld verlassen.

### VERSUCHE MIT LICHT
*Einfallendes Licht*
1666 untersuchte Newton mit Hilfe eines Glasprismas die Aufspaltung des weißen Lichts in verschiedene Farben (das Spektrum). Auch beim Durchtritt durch einen engen Spalt, etwa an einer Jalousie, wird weißes Licht in seine Farbkomponenten zerlegt. Newtons Entdeckung erwies sich als wichtig für die Weiterentwicklung des Teleskops (S.22–25) und für die Spektroskopie (S.30).

### MOND UND SCHWERKRAFT
Angeblich sah Newton einmal einen Apfel vom Baum fallen und schloß daraus, daß die Kraft, die dies bewirkt, auch bis zum Mond reichen müßte. Der Mond fällt aufgrund der Gravitation ständig in Richtung Erde und wird nur durch seine schnelle Vorwärtsbewegung am Herabstürzen gehindert. Durch diese beiden Bewegungen kommt seine Umlaufbahn zustande.

*Erde* *Mondbahn*
*Mond* *Gravitation (Schwerkraft)*
*Gäbe es keine Schwerkraft, flöge der Mond geradeaus weiter.*

*Okular*

Nachbau von Newtons Spiegelteleskop (Seitenansicht)

### EIN PROBLEM GELÖST
Newtons optische Forschungen führten zur Entwicklung des Spiegelteleskops. Er wußte, daß bei Glaslinsen chromatische Aberration (S.23) in Form von Farbringen auftritt. Bei Spiegeln gibt es diesen Effekt nicht. 1671 stellte Newton seine Erfindung der Londoner „Royal Society" vor und wurde dadurch in ganz Europa berühmt.

*Gemeinsamer Schwerpunkt*
Zwei Körper ähnlicher Dichte

*Erde* *Mond*
*Gemeinsamer Schwerpunkt*
Erde und Mond

### DER SCHWERPUNKT
Newton erkannte, daß die Kraft, die einen Gegenstand zur Erde zieht, und die Kraft, die die Planeten auf ihren Bahnen um die Sonne hält, dieselbe ist: Anziehungskraft aufgrund der Gravitation. Bei zwei Körpern, die gemeinsam um die Sonne kreisen (wie Erde und Mond), beschreibt ihr gemeinsamer Schwerpunkt eine ellipsenförmige Umlaufbahn (S.18). Er liegt innerhalb der Erde, die eine höhere Dichte als der Mond hat.

*Schärfeneinstellung*
*Objektivspiegel*
*Holzkugel in einer Mulde als Lager*

*Sekundärspiegel*
*Objektivspiegel*
Spiegelteleskop (Vorderansicht)

# Optische Gesetzmäßigkeiten

**KONKURRENZ DER ERFINDER**
Wer das Teleskop erfand, ist umstritten. Als Erfinder wird oft der holländische Brillenmacher Hans Lippershey genannt. Angeblich entdeckten 1608 seine Kinder beim Spielen in der väterlichen Werkstatt, daß sie durch zwei hintereinander gehaltene Linsen die Wetterfahne auf dem Kirchturm plötzlich viel größer sahen. Lippershey stellte fest, daß dem tatsächlich so war, montierte die Linsen in ein Rohr (Tubus) und nahm die Erfindung des Teleskops für sich in Anspruch. Allerdings hatte bereits um 1550 der Engländer Leonard Digges ein einfaches Vergrößerungsgerät mit Spiegeln und Linsen entwickelt. Galilei (S.20) führte schließlich den Gebrauch des Teleskops in die Astronomie ein.

Schon seit etwa 2000 v.Chr. kennt man die vergrößernde Wirkung eines gekrümmten Glasstücks. Der griechische Philosoph und Dichter Aristophanes verwendete im 5. Jahrhundert v.Chr. eine wassergefüllte Glaskugel als Lupe. Um die Mitte des 13. Jahrhunderts vermutete der englische Gelehrte Roger Bacon, daß man durch ein kleines Segment einer Glas- oder Kristallkugel Gegenstände vergrößert und damit deutlicher sehen kann. Wegen dieser Äußerung wurde er der Hexerei bezichtigt; sie brachte ihm zehn Jahre Kerker ein. Auch nachdem in Italien kurz vor 1300 die Brille erfunden worden war, hielten sich die abergläubischen Vorstellungen noch weitere 250 Jahre, bis Naturwissenschaftler in Experimenten mehrere Linsen miteinander kombinierten und damit die Grundlage für die Erfindung des Teleskops schufen. Man unterscheidet zwei Arten von Teleskopen: das Linsen- und das Spiegelteleskop. Ersteres wurde bis vor kurzem auch als Refraktorteleskop bezeichnet (Refraktion ist die Lichtbrechung, z.B. in Glas).

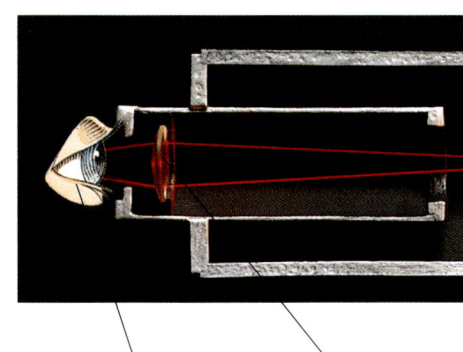

*Betrachter* — *Konvexe Okularlinse*

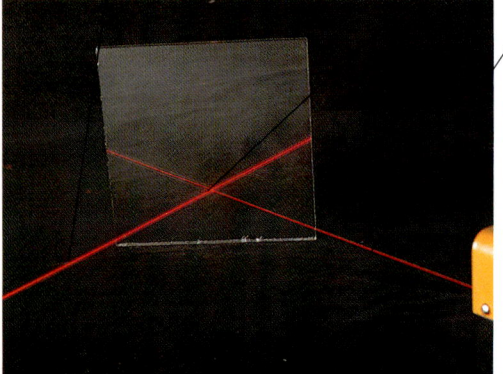

*Am Bügel konnten Zierbänder angebracht werden.*

*Fassung aus Horn*

Brille (um 1750)

*Konvexlinse*

**SEHHILFEN**
Die ersten Brillen hatten Konvexlinsen und waren für Weitsichtige zum Betrachten naher Gegenstände gedacht. Später kamen Brillen mit Konkavlinsen für Kurzsichtige hinzu.

*Wasser*

*Laserstrahl*

**LICHTBRECHUNG**
Licht wird beim Übergang zwischen Medien von unterschiedlicher optischer Dichte – z.B. Luft und Wasser – aus seiner ursprünglichen Richtung abgelenkt. Dieser als Brechung bezeichnete Effekt wird hier mit einem Laserstrahl gezeigt, der einen gläsernen Kubus mit Wasser passiert.

*Beim Austritt aus dem Gefäß wird das Licht erneut gebrochen.*

*Brechung des Lichts*

*Reflektierter Lichtstrahl*

*Reflexion des Laserstrahls an einer glänzenden Fläche*

*Einfallendes Licht*

**LICHTREFLEXION**
Eine glänzende Oberfläche, z.B. poliertes Metall oder auch Glas vor einem dunklen Hintergrund, reflektiert das auftreffende Licht. Der einfallende und der reflektierte Strahl bilden mit dem Lot auf dem Auftreffpunkt den gleichen Winkel; demnach sind Einfalls- und Reflexionswinkel eines Lichtstrahls immer gleich groß.

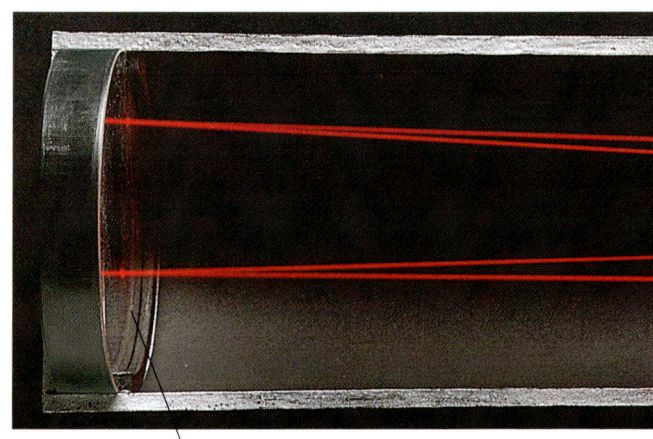

*Großer Konkavspiegel*

## CHROMATISCHE ABERRATION

Wenn Licht durch eine Linse geht, wird jede Farbe in einem anderen Winkel gebrochen. Blaues Licht wird stärker gebrochen als rotes; deshalb liegt der Brennpunkt für Blau näher bei der Linse. Dadurch tritt an jedem Bildpunkt ein Farbspektrum auf. Diesen Bildfehler (die chromatische Aberration) umgeht man durch Verwendung einer Zusatzlinse aus einem Glas anderer optischer Dichte (rechts), so daß die Brennpunkte wieder zusammenfallen.

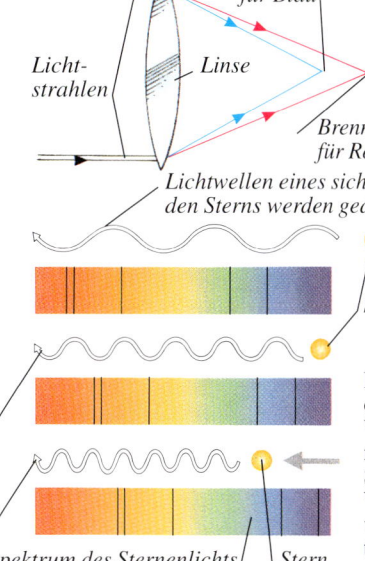

## ACHROMATISCHE LINSEN

Der englische Optiker John Dollond (1706–1761) experimentierte mit Linsenkombinationen, die die chromatische Aberration unterdrücken, stellte also erstmals achromatische Linsen her.

## DOPPLER-EFFEKT

Der nach dem österreichischen Physiker Christian Doppler benannte Effekt spielt in der Astronomie eine wichtige Rolle. Wenn sich eine Lichtquelle dem Betrachter nähert oder von ihm entfernt, ändert sich die Wellenlänge des Lichts. Das Licht eines sich von der Erde entfernenden Sterns empfangen wir mit größeren Wellenlängen. Sein Spektrum ist rotverschoben. Im umgekehrten Fall träte eine Blauverschiebung auf.

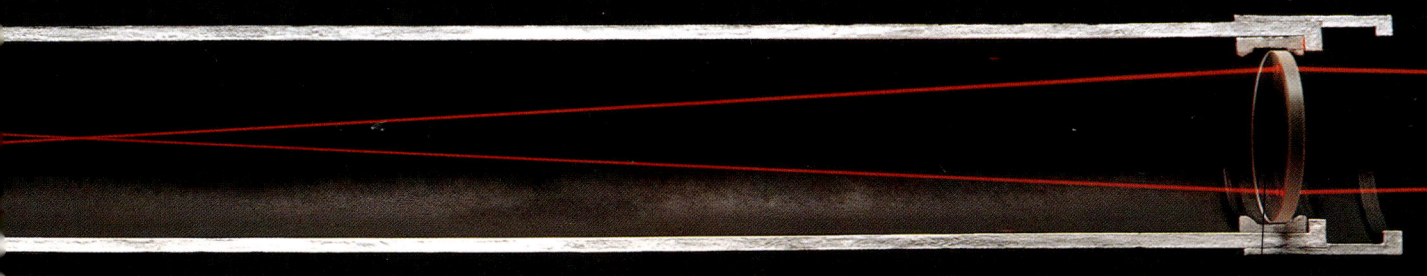

## LINSENTELESKOP

Im Linsenteleskop, wie es auch Galilei (S.20) benutzte, bündelt die vom Betrachter weiter entfernte Objektivlinse (eine Konvex- oder Sammellinse) das Licht und erzeugt ein Bild. Die näher beim Auge montierte, ebenfalls konvexe Okularlinse wirkt als Lupe, durch die das von der Objektivlinse erzeugte Bild betrachtet wird (oben).

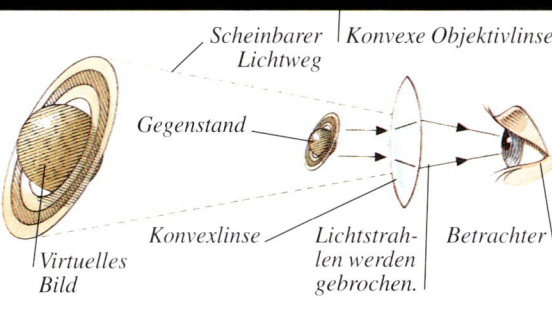

## SPIEGELTELESKOP

In dem von Isaac Newton (S.21) entwickelten Spiegelteleskop bündelt ein großer Hohlspiegel das ankommende Licht auf einen geneigt angebrachten ebenen Spiegel, an dem das Bild entsteht. Dieses wird durch die Okularlinse betrachtet, die wie eine Lupe wirkt. Spiegelteleskope bieten den Vorteil, daß bei ihnen keine chromatische Aberration auftritt.

## VIRTUELLE BILDER

Durch eine Konvexlinse betrachtet, erscheinen Gegenstände größer, weil die Linse das Licht nach innen bricht. Dadurch vergrößert sich der Winkel, unter dem der Betrachter den Gegenstand sieht. Sein Auge verfolgt das Licht auf einer geraden Linie zurück und nimmt ein virtuelles (scheinbares) vergrößertes Bild wahr.

# Optische Teleskope

Je mehr Licht in das Objektiv eines Teleskops fällt, desto heller ist das Bild. Daher versuchte man, die Linsen oder Spiegel so groß wie möglich zu bauen. Um eine starke Vergrößerung zu erzielen, wählte man auch die Brennweiten der Linsen oder Spiegel entsprechend. Indem man mehrere kleine Spiegel wie die Facetten eines Insektenauges kombiniert, erhält man eine große Fläche, die das Licht einfängt und auf einen gemeinsamen Brennpunkt bündelt. Im 19. Jahrhundert verwendete man vorzugsweise Linsenteleskope (S.22–23), und die Glasmacher standen vor der oft nicht leichten Aufgabe, große Linsen ohne Blasen oder Einschlüsse herzustellen. Im 20. Jahrhundert erzielte man enorme Fortschritte beim Schleifen und Polieren von Spiegeln. Je größer der Spiegel ist, desto mehr Licht nimmt er auf. Ab etwa 4 m Durchmesser jedoch besteht die Gefahr, daß er sich aufgrund seines eigenen Gewichts verbiegt. Man ging deshalb in den letzten Jahrzehnten dazu über, leistungsfähige Teleskope hauptsächlich in Mehrspiegeltechnik zu bauen.

**TRIUMPH DER TECHNIK**
Vor der Erfindung der Fotografie mußten die Astronomen zeichnen, was sie im Teleskop sahen. Im 19.Jh. wurde die Fotografie ein unentbehrliches Hilfsmittel in der Astronomie. Wenn man eine Kamera an einem Teleskop anbringt, das mit einem Motor ausgestattet ist, so daß es der Erdrotation folgt, sind Langzeitaufnahmen weit entfernter (S.12) und daher lichtschwacher Sterne möglich.

*Okular*

*Okularfassung*

*Führungsschienen zum Anheben des Teleskops*

*Kurbel zur Winkeleinstellung*

**MARKE EIGENBAU**
Anfangs aus Geldmangel und später wegen seines Hangs zur Perfektion baute der aus Hannover stammende Astronom Wilhelm Herschel (1738–1822) seine Teleskope selbst. Auch das Schleifen der Spiegel und Linsen überließ er niemand anderem. Das links gezeigte, nach Newtons Vorgaben konstruierte Spiegelteleskop (2,1 m lang) vergrößert 200fach. Ein solches benutzte Herschel, als er den Uranus entdeckte (S.54–55).

*Tubus*

*Objektivspiegel im Tubus*

*Schublade zum Ablegen von Notizen*

*Kurbeln zum Heben und Senken des Teleskops*

*Halterung*

*Gestell mit Rädern*

**GRÖSSER UND LÄNGER**
Als man noch keine großen Linsen herstellen konnte, montierte man Objektiv- und Okularlinse möglichst weit auseinander, um dennoch eine hohe Vergrößerung zu erreichen. Dabei kamen zuweilen recht merkwürdige Instrumente mit geradezu gigantischen Abmessungen heraus, wie dieser Stich aus dem 18.Jh. zeigt. Ein solches Teleskop war wegen seiner enormen Länge praktisch nicht verwendbar: Schon die kleinste Erschütterung, etwa durch eine vorbeigehende Person, ließ den Tubus so stark vibrieren, daß keine Beobachtung mehr möglich war.

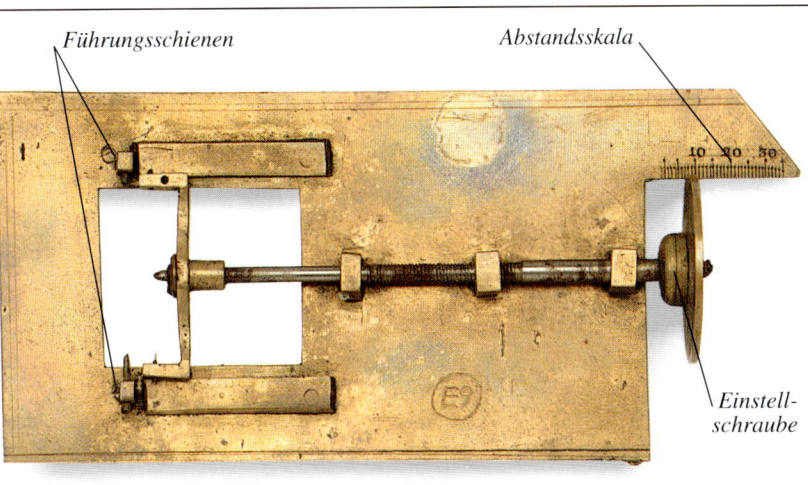

*Führungsschienen*  *Abstandsskala*  *Einstellschraube*

### HILFSINSTRUMENT
Je größer man ein Teleskop baut, desto weiter (und damit schwieriger einstellbar) ist sein Meßbereich. Wenn man die Entfernung zwischen sehr weit entfernten Sternen ermitteln will, muß man den Beobachtungswinkel sehr genau einstellen können. Dazu kann eine Mikrometerschraube dienen, mit der feinste Winkelabstufungen möglich sind. Die oben gezeigte Mikrometerschraube wurde von Wilhelm Herschel konstruiert.

### ÄQUATORIALE MONTIERUNG
Die äquatoriale oder parallaktische Montierung (wie beim 1893 installierten Teleskop der Greenwicher Sternwarte, oben) war früher üblich, wird aber heute fast nur noch von Amateur-Astronomen verwendet. Dabei ist eine Achse des Teleskops zum Polarstern (S.12–13) ausgerichtet, der im Vergleich zur Erde zu ruhen scheint. Auf der Südhalbkugel orientiert man sich an einem anderen hellen Stern. Das Teleskop kann um seine Achse bewegt werden und so dem Lauf der Sterne folgen.

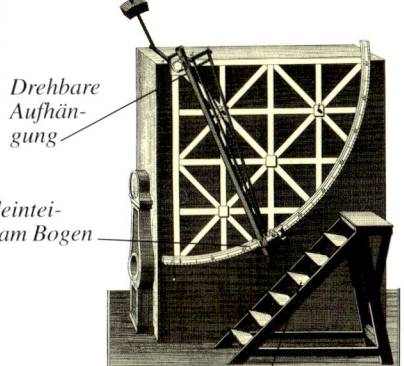

*Drehbare Aufhängung*  
*Gradeinteilung am Bogen*  
*Leiter für den Zugang zum Okular*

### FENSTER ZUM ALL
Anfangs kombinierte man Teleskope häufig mit Quadranten (S.12), die man zwecks Stabilisierung des Teleskops an einer Wand anbrachte. Eine solche Anordnung bezeichnet man als Mural- oder Mauerquadranten. Das Teleskop hing an einem einzelnen Drehlager, so daß sein Tubus zur exakten Winkelbestimmung entlang der Gradeinteilung auf dem Bogen ausgerichtet werden konnte.

### AZIMUTALE MONTIERUNG
Bei dieser Montierung, die bevorzugt für sehr große Teleskope verwendet wird, kann das Teleskop sowohl seitlich gedreht als auch auf und ab bewegt werden. Früher war dies ungünstig beim Verfolgen der Sternbahnen, weil diese aufgrund der Neigung der Erdachse gegen die Ekliptik geneigt sind. Heute wird dieser Mangel per Computersteuerung ausgeglichen. Links ist eines der größten Spiegelteleskope abgebildet; es steht in 2100 m Höhe im Kaukasus.

### NÄHER ZU DEN STERNEN
Der Spiegel des Teleskops auf dem Mount Palomar/Kalifornien hat einen Durchmesser von 5,1 m. Mit seiner Herstellung aus einem 35 t schweren Pyrexglasblock begann man 1934. Im Zweiten Weltkrieg mußten die Schleifarbeiten unterbrochen werden, so daß der Spiegel erst 1947 fertiggestellt wurde. Das Observatorium auf dem Mount Palomar wurde als eines der ersten in großer Höhe errichtet, wo die Atmosphäre dünner und die Luftverschmutzung geringer ist.

### SPIEGLEIN, SPIEGLEIN ...
Das Problem, daß Spiegel nicht beliebig groß gebaut werden können, wird bei der Mehrspiegeltechnik umgangen. Das oben abgebildete Teleskop in Arizona/USA hat sechs Einzelspiegel von je 1,8 m Durchmesser, die zusammen wie ein 4,5-m-Spiegel wirken.

# Observatorien

**VOM EHRGEIZ GETRIEBEN**
Der Engländer William Parsons (1800–1867) wollte als Erbauer des größten Spiegelteleskops in die Geschichte eingehen. In Parsonstown/Irland ließ er einen fast 4 t schweren 1,82-m-Spiegel anfertigen, der rund 900fach vergrößern sollte. Mit diesem Ungetüm erforschte Parsons ab 1845 die Struktur von Galaxien (S.60).

Bevor man Observatorien zur systematischen Himmelsbeobachtung einrichtete, erklommen die Astronomen hochgelegene Stellen der Stadtmauer oder bestiegen einen Turm, um von dort bei guter Rundumsicht den Himmel zu beobachten. Während die Babylonier und Griechen lediglich Vorstufen der Sternwarten im heutigen Sinne kannten, entstanden später im islamischen Raum (Nordafrika und Naher Osten) bedeutende Observatorien, z.B. bei Bagdad, Kairo und Damaskus. Das Observatorium von Bagdad hatte einen riesigen, 6 m hohen Quadranten und einen 17 m langen Sextanten aus Stein. Wahrscheinlich ähnelte es der Anlage von Jaipur/Indien, der einzigen dieser Bauart, die noch weitgehend erhalten ist (unten). Nach dem Untergang der islamischen Reiche erlebten die Naturwissenschaften in Westeuropa eine Renaissance. Dies äußerte sich auch in der Errichtung von Observatorien neuen Typs. Das älteste noch heute genutzte Observatorium ist das von Paris; es wurde 1667 gegründet (S.28). Aufgrund der oft ungünstigen klimatischen Verhältnisse unserer Breiten sah man davon ab, Observatorien als Freiluftanlagen zu bauen. Damit der Astronom mit seinen Instrumenten nicht im Regen stehen mußte, versah man die Observatorien mit Dächern. Anfangs brachte man zu diesem Zweck Bretter an, die man beiseite schieben konnte. Ab dem 19. Jahrhundert kamen drehbare Kuppeldächer auf, die man zunächst aus Pappmaché herstellte, dem einzigen damals verfügbaren Material, das leicht und dennoch stabil genug war. Heute verwendet man meist Glasfaser- oder andere Kunststoffe, und ausgeklügelte Mechanismen (siehe dazu S.25) ermöglichen es, die Teleskope dem Lauf der Gestirne nachzuführen.

**CHINESISCHE BAUKUNST**
Am Bau des Observatoriums auf der Mauer der Verbotenen Stadt in Peking (1660) waren auch portugiesische Jesuiten beteiligt. Ausgestattet war es mit einer großen Armillarsphäre (S.11), einem Himmelsglobus (S.10), einem Horizontring mit Gradeinteilung sowie je einem astronomischen Quadranten und Sextanten (S.12). Die Instrumente konstruierte man nach Holzstichen in Tycho Brahes Werk *Mechanica* von 1598.

**STERNKUNDE IN INDIEN**
Das hier gezeigte Observatorium ließ 1726 der Maharadscha Jai Singh erbauen. Es hat eine massive Sonnenuhr und einen um 27° geneigten Zeiger, der die geographische Breite von Jaipur und die Höhe des Polarsterns (S.13) angibt. Auch ein großer astronomischer Sextant ist vorhanden.

**OPTIMALE BEDINGUNGEN**
Wegen der vielen Lichtquellen und der starken Luftverschmutzung in der Umgebung großer Städte wichen die Astronomen in einsame Gegenden aus und errichteten dort Observatorien. Besonders geeignet sind hohe Berggipfel oder Wüsten, wo die Luft trocken, ruhig und wolkenlos ist. Der Vulkan Mauna Kea auf Hawaii (links) ist aufgrund seiner Höhe (über 4000 m) und des gemäßigten pazifischen Klimas ein idealer Standort.

**SONNENFORSCHUNG**
Neben den heutigen Teleskopen wirken Menschen geradezu winzig. Dieser 51-cm-Koronograph (oben) auf der Halbinsel Krim/Ukraine wird durch computergesteuerte Motoren dem Sonnenlauf nachgeführt. Koronographen dienen zur Erforschung der äußersten Schichten der Sonne (Korona).

## Was ist ein Meridian?

Meridiane nennt man auch Längengrade. Es sind gedachte Linien, die in gleichmäßigen Winkelabständen zueinander die Pole der Erd- und auch der Himmelskugel verbinden. Mit ihrer Hilfe lassen sich Entfernungen in Ost-West-Richtung auf der Erdoberfläche und am Himmel angeben. Das Wort Meridian ist lateinischen Ursprungs: *meridies* bedeutet Mittag. Die Sonne steht am betreffenden Ort genau zur Mittagszeit über dem Meridian. Bestimmte Meridiane haben in der Astronomie besondere Bedeutung, weil sie als Bezugslinien für die Ausrichtung von Teleskopen dienen. Bis Ende des 19.Jh.s galten in den einzelnen Ländern verschiedene Meridiane als Bezugslinien, z.B. die durch Paris, Cádiz oder Neapel verlaufenden.

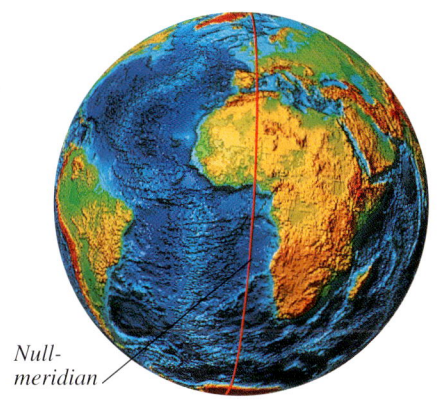

*Nullmeridian*

**DER NULLMERIDIAN**
1884 kam man bei einer internationalen Konferenz in Washington überein, einen bestimmten Meridian als allgemeingültige Bezugsgröße festzulegen. Man wählte den Meridian, der durch die alte Königliche Sternwarte in Greenwich am Stadtrand von London verläuft. Seitdem beziehen sich alle Seekarten sowie sämtliche internationale Zeit- und Ortsangaben auf diesen Meridian, dem man die geographische Länge null zugeordnet hat. Er verläuft in südlicher Richtung durch Frankreich und einige afrikanische Staaten.

**NICHT ZU ÜBERSEHEN**
Der britische Hofastronom Sir George B. Airy (1801–1892) beschloß 1850 den Bau eines neuen Teleskops. Bei seiner Errichtung wurde der damals für England gültige Nullmeridian um 5,75 m nach Osten verschoben. Den heute gültigen Nullmeridian markiert eine beleuchtete Linie auf dem Gelände des alten Observatoriums (heute ein Museum).

# Astronomen

Im Gegensatz zu den Naturwissenschaftlern anderer Disziplinen können die Astronomen die Objekte ihrer Forschung nicht beeinflussen. Grundlage dieser Wissenschaft ist Beobachtung, ob der Astronom durch das Teleskop schaut oder am Computer Daten auswertet. Die Astrometrie ist ein Teilgebiet der Astronomie, das sich mit den Positionen der Sterne und ihren zeitlichen Veränderungen befaßt. Auf dieser Grundlage entstehen z.B. zweidimensionale Himmelskarten. Die Astrophysiker erforschen den Aufbau und das Verhalten von Materie im leeren Raum und die Entwicklung der Himmelskörper. Und Kosmologen versuchen, auf der Grundlage astronomischer und astrophysikalischer Erkenntnisse eine Theorie zum Weltall aufzustellen. Im Grunde stehen sie alle vor den gleichen Fragen wie die Philosophen der griechischen Antike: Was ist das Universum, wie ist es beschaffen, und welche Bedeutung haben wir darin?

**FASZINATION WELTALL**
Im 18.Jh. war die Sternkunde ein beliebter Zeitvertreib für Reiche und Gebildete. Die Vielzahl kleiner Teleskope, die aus dieser Zeit erhalten sind, zeugt von einem breiten Interesse an der Astronomie.

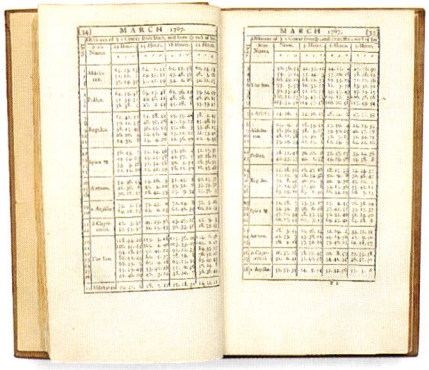

**WEGWEISER IN BUCHFORM**
Der abgebildete nautische Almanach erschien erstmals 1766 und enthält Tabellen zum Abstand zwischen bestimmten Sternen und dem Mond im Dreistunden-Rhythmus. Seefahrer ermittelten mit diesem Nachschlagewerk die geographische Länge ihrer Position auf See (S.27).

**HOHE WÜRDEN**
1675 wurde John Flamsteed (1646–1719) erster englischer Hofastronom. Er wirkte am Königlichen Observatorium in Greenwich, das König Charles II. im selben Jahr erbauen ließ.

**FAMILIENTRADITION**
Als 1667 das Pariser Observatorium gegründet wurde, berief der französische König den bekannten Bologneser Astronomen Gian Domenico Cassini (1625–1712) zu dessen Direktor. Ihm folgten drei Generationen lang Mitglieder der eigenen Familie: Jacques Cassini (1677–1756), César-François Cassini de Thury (1714–1784), der die erste moderne Landkarte Frankreichs herausbrachte, und Jean-Dominique Cassini (1748–1845). Der Einfachheit halber bezeichnet man sie auch als Cassini I., II., III. und IV.

**MIT SCHARFBLICK**
Der russische Gelehrte Michail Lomonossow (1711–1765) befaßte sich intensiv mit Fragen der Navigation. 1761 fiel ihm bei der Passage der Venus (S.46–47) deren „verschmiertes" Aussehen auf, und er vermutete, daß sie eine sehr viel dichtere Atmosphäre als die Erde hat.

*Stift für α Cassiopeiae*  *Stift für α Aquarii*  *Rotierendes Zifferblatt*

*Stift für α Antares*
*Stift für α Hydrae*

**STERNENUHR**
In der Astrometrie mißt man Sternkoordinaten in Abhängigkeit von der Zeit. Auf dem Zifferblatt dieser Uhr (1815) kann man die Hauptsterne einiger Sternbilder mit Stiften markieren. Die Uhr läutete, wenn der Durchgang des betreffenden Sterns durch den örtlichen Meridian erwartet wurde.

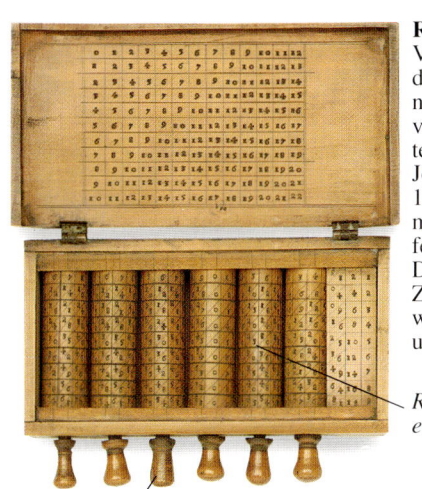

### RECHENHILFE
Viele Jahrhunderte lang mußten sich die Astronomen mit endlosen Berechnungen plagen, um die Positionen von Sternen und Planeten zu ermitteln. Der schottische Mathematiker John Napier (1550–1617) erstellte 1614 die erste vollständige Logarithmentafel. 1617 erfand er eine Vorstufe der Rechenmaschine (links): Durch Drehen der Walzen mit eingravierten Zahlen ließen sich Rechenoperationen wie Addieren und Multiplizieren rasch und mühelos ausführen.

*Rechenwalzen mit eingravierten Zahlen*

### FAMILIENBANDE
Caroline Herschel (1750–1848) war Assistentin und Haushälterin ihres Bruders, des angesehenen Astronomen Wilhelm Herschel (S.54). Wenn er mit Spiegelschleifen beschäftigt war – eine Aufgabe, die große Sorgfalt erforderte und bis zu 16 Stunden dauern konnte –, fütterte sie ihn mit dem Löffel. Sie war selbst eine begabte Astronomin und entdeckte acht Kometen. Ihr Neffe John (1792–1871) war Wegbereiter der astronomischen Fotografie und Spektroskopie (S.30–31).

*Drehgriff* — *Zahlenanzeige* — *Kurbel*

### IM NU DAS RICHTIGE ERGEBNIS
Im 19.Jh. entwickelten Instrumentenmacher mechanische Rechenhilfen, um komplexe, oft zu wiederholende Rechenschritte zu erleichtern. Mit dem oben abgebildeten Rechner ließen sich Zahlen mit bis zu 42 Stellen berechnen.

*Laterne*

*Barometer*

*Armlehne*

*Verstellbare Rückenlehne*

### ASTRONOMENSTUHL
Bei der Arbeit am großen Mural-Quadranten (S.25) mußte der Astronom immer wieder eine Treppe oder Leiter hochsteigen. Erst gegen Ende des 17.Jh.s wurden Instrumente erfunden, bei denen sich der Astronom in seinem Stuhl zurücklehnen und in Ruhe die Sterne beobachten konnte.

*Sitzfläche*

*Kerben zur Höhenverstellung*

*Sperrklinke*

*Gestell mit Rädern*

### KALTE NÄCHTE
Astronomen hatten früher kein leichtes Leben. Bevor es Kameras gab, saßen sie oft nächtelang unter freiem Himmel am Teleskop und zeichneten sorgfältig alle Beobachtungen auf.

# Spektroskopie

Seit über 100 Jahren können Astronomen mit Hilfe der Spektroskopie die chemische Zusammensetzung von Sternen und auch deren Temperatur ermitteln. In einem Spektroskop wird das von einem Himmelskörper kommende Licht in seine Komponenten zerlegt; als Ergebnis erhält man ein detailliertes Farbenspektrum. Auf der Grundlage von Newtons (S.21) Erkenntnissen über das Licht untersuchte der deutsche Optiker Joseph von Fraunhofer (1787–1826) das Sonnenlicht und bemerkte in dessen Spektrum eine Reihe dunkler Linien. 1859 erklärte der Physiker Gustav Kirchhoff (1824–1887) die Bedeutung dieser sog. Fraunhofer-Linien. Sie entstehen dadurch, daß bestimmte chemische Elemente in den äußeren Schichten der Sonne oder eines Sterns einen Teil des Lichts absorbieren. Jedes Element verursacht dabei charakteristische Linien, anhand derer man es identifizieren kann. Mit Hilfe dieser Methode wurden auch einige Edelgase in der Erdatmosphäre entdeckt.

**REGENBOGENFARBEN**
Ein Regenbogen entsteht, wenn Sonnenlicht auf die Wassertropfen in den Wolken fällt. Wie Prismen brechen und zerlegen die Tropfen das Licht.

*Hier wurde ein Spektroskop auf ein Teleskop montiert.*

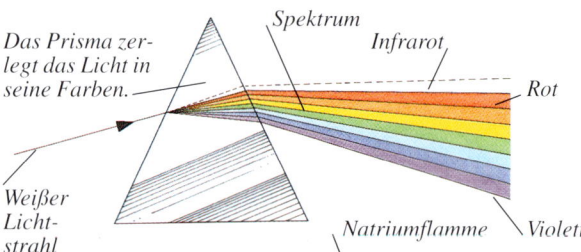

*Das Prisma zerlegt das Licht in seine Farben.* — *Spektrum* — *Infrarot* — *Rot*
*Weißer Lichtstrahl* — *Natriumflamme* — *Violett*

**KALT, WARM, HEISS!**
Im Jahr 1800 untersuchte Wilhelm Herschel (S.54) experimentell den Zusammenhang zwischen Wärme und Licht. Er wiederholte Newtons Versuch der Lichtaufspaltung (S.21) und ermittelte durch Ausblenden der jeweils anderen Farben die Temperatur jeder einzelnen Spektralfarbe. Dabei zeigte es sich, daß die Temperatur vom violetten zum roten Ende des Spektrums hin zunimmt. Überrascht stellte Herschel fest, daß die Temperatur jenseits des roten Endes im nicht mehr sichtbaren Bereich noch höher ist: Er hatte die Wärme- oder Infrarotstrahlung entdeckt.

*Die Fotoplatte wird hier eingesetzt.*

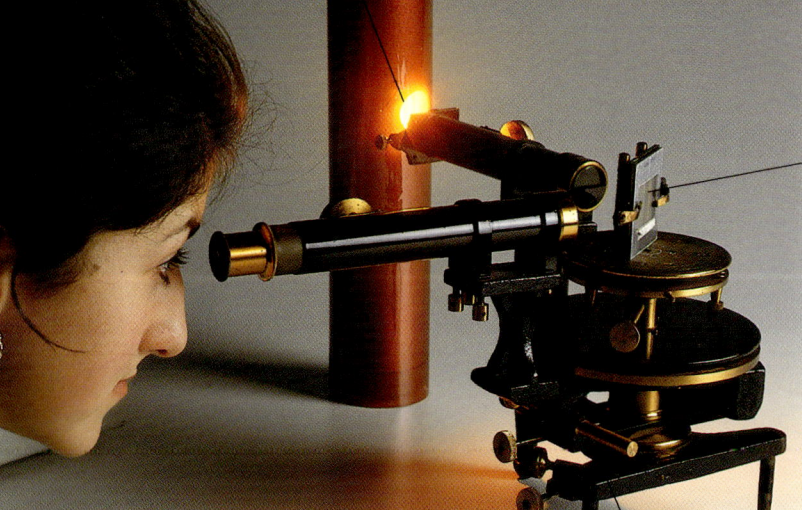

*Beugungsgitter*

Sonnenspektrum mit Absorptionslinien — *Natrium*

Emissionsspektrum von Natrium — *Natrium*

*Spektroskop*

**NATRIUMLICHT**
Die Untersuchung des Lichts einer Natriumflamme im Spektroskop gibt Aufschluß über die Art und Weise, wie die Spektroskopie in der Astronomie angewandt wird. Nach den von Gustav Kirchhoff gefundenen Gesetzen der Spektroskopie emittiert ein heißes Gas unter hohem Druck ein kontinuierliches Spektrum, ähnlich dem Sonnenlicht, das wir sehen. Bei geringem Gasdruck sendet das heiße Gas Licht aus, dessen Spektrum nur bestimmte Linien aufweist. Es handelt sich um genau die Linien, die das Gas im kalten Zustand absorbiert, wenn man weißes Licht hindurchstrahlt.

**ELEMENTE IN DER SONNE**
Das Spektrum von Natrium zeigt eine gelbe Linie (oben). Der entsprechende Ausschnitt des Sonnenspektrums (darüber) weist viele dünne schwarze Linien auf. Anhand dieser Fraunhofer-Linien kann man ermitteln, welche Elemente in den äußeren Schichten der Sonne vorkommen. Natrium ist in der Erdatmosphäre nicht vorhanden; also muß die schwarze Linie im gelben Bereich von Natrium in der Sonne herrühren.

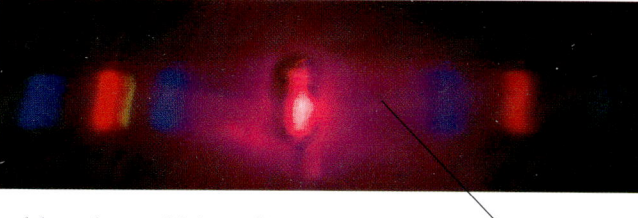

*Kontinuierliches Spektrum*

**ABSORPTION VON FARBEN**
Zum Beweis seiner Spektralgesetze zeigte Kirchhoff, daß aus weißem Licht beim Durchgang durch Natrium die charakteristische gelbe Farbe absorbiert wird. Im gelben Bereich des Spektrums treten daher schwarze Linien auf. Im Versuch erzeugt das Licht einer Lampe beim Durchgang durch eine Linse ein kontinuierliches Spektrum (ganz oben). Plaziert man eine Küvette mit Kaliumpermanganatlösung dazwischen, so sind im Spektrum (oben) die Gelb- und Grünanteile ausgeblendet (absorbiert).

*Spektrum von Kaliumpermanganat*

### PIONIERLEISTUNG
Nach der Erfindung des später nach ihm benannten Gasbrenners konnte Robert Bunsen (1811–1899) das von erhitzten Substanzen emittierte oder absorbierte Licht untersuchen. Zusammen mit Kirchhoff entwickelte er das Spektroskop, mit dem sich diese Effekte genau messen lassen. Innerhalb weniger Jahre nahmen Bunsen und Kirchhoff viele Spektren auf und entdeckten dabei einige zuvor unbekannte Elemente.

### AUFBAU DER STERNE
Durch genaue Untersuchung der Spektrallinien des von einem Stern emittierten oder von einem Planeten reflektierten Lichts können Astronomen die chemische Zusammensetzung des jeweiligen Himmelskörpers bestimmen. Auch seine Temperatur läßt sich aus den Spektrallinien ermitteln, und zwar anhand der Intensität bestimmter Linien im Spektrum. In starker Vergrößerung gibt deren Breite Aufschluß z.B. über die Bewegungsgeschwindigkeit des Sterns und über sein Magnetfeld.

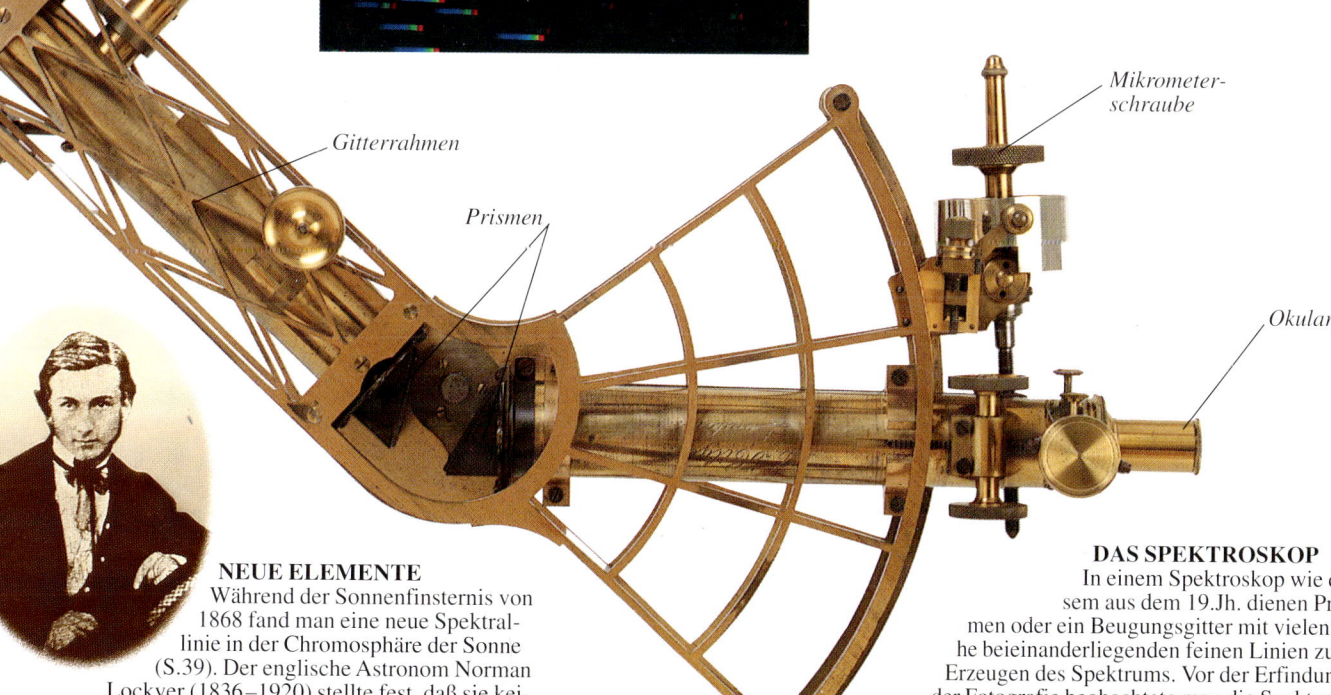

*Okular* · *Gitterrahmen* · *Prismen* · *Mikrometerschraube* · *Okular*

### NEUE ELEMENTE
Während der Sonnenfinsternis von 1868 fand man eine neue Spektrallinie in der Chromosphäre der Sonne (S.39). Der englische Astronom Norman Lockyer (1836–1920) stellte fest, daß sie keinem bis dahin bekannten chemischen Element entsprach. Das neue Element nannte man Helium nach dem griechischen Sonnengott Helios. Auf der Erde entdeckte man es erst 1895.

### DAS SPEKTROSKOP
In einem Spektroskop wie diesem aus dem 19.Jh. dienen Prismen oder ein Beugungsgitter mit vielen nahe beieinanderliegenden feinen Linien zum Erzeugen des Spektrums. Vor der Erfindung der Fotografie beobachtete man die Spektren mit bloßem Auge und zeichnete sie nach. Heute setzt man meist elektronische oder auch fotografische Aufzeichnungsverfahren ein.

# Radioteleskope

Nach der Entdeckung des nicht sichtbaren Lichts, z.B. des Infrarots (S.30) und anderer elektromagnetischer Strahlung wie der Röntgen- und der Gammastrahlen, vermutete man, daß auch die Himmelskörper Strahlungen dieser Art aussenden. Als erstes fand man – eher zufällig – Radiowellen, die längsten aller elektromagnetischen Wellen. Zu ihrem Empfang dienen heute riesige Parabolantennen, die den Nachweis selbst schwacher Strahlung ermöglichen. Die ersten Empfangsanlagen waren jedoch nicht groß genug, um ähnlich detaillierte Ergebnisse zu liefern, wie das beim sichtbaren Licht in optischen Teleskopen möglich war. Heute führt man die Signale mehrerer Empfänger elektronisch zusammen und simuliert so gigantische Antennen, die eine extrem hohe Auflösung erlauben. Auch oberhalb der Erdatmosphäre werden Empfänger eingesetzt (S.7).

**ÅNGSTRÖM**
Der schwedische Naturwissenschaftler Anders Ångström (1814–1874) erforschte die Fraunhofer-Linien im Sonnenspektrum (S.30). Bis vor kurzem war eine Längeneinheit zur Angabe von Wellenlängen nach ihm benannt. Sie beträgt $10^{-10}$ m.

**SIGNALE AUS DEM ALL**
Der Amerikaner Karl Jansky (1905–1950) wies erstmals Radiowellen aus dem Weltraum nach. Mit einer selbstgebauten Apparatur empfing er 1931 einen gleichmäßigen Strahlungshintergrund im Radiowellenbereich, dessen Quelle sich im Zentrum unserer Galaxis befindet (S.62–63).

**LANGE WELLEN, KURZE WELLEN**
Radiowellen (S.30) bilden das langwellige Ende des elektromagnetischen Spektrums. Über infrarotes (IR), sichtbares und ultraviolettes (UV) Licht setzt es sich fort bis zu den äußerst kurzwelligen Gammastrahlen. Licht- und Radiowellen gelangen ungehindert durch die Atmosphäre zur Erde. Andere Arten von Strahlung sind nur mit Raumsonden (S.34–35) oberhalb der Erdatmosphäre nachweisbar. Die verschiedenen Teleskope registrieren jeweils einen Teil der Gesamtstrahlung, die von verschiedenen physikalischen Prozessen herrührt.

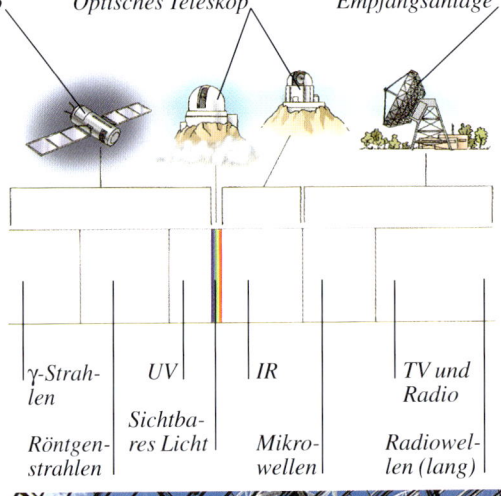

*Raumteleskop — Optisches Teleskop — Empfangsanlage*

γ-Strahlen | Röntgenstrahlen | UV | Sichtbares Licht | IR | Mikrowellen | TV und Radio | Radiowellen (lang)

**MITTEN IM URWALD**
Dieser riesige Radiowellenempfänger bei Arecibo/Puerto Rico steht in einer natürlichen Kalksteinsenke. Seine Antenne aus Stahldrahtgeflecht hat einen Durchmesser von 305 m; ihre Empfangsfläche beträgt 20 ha. Sie selbst ist nicht beweglich, jedoch mit nach allen Richtungen drehbaren Antennen kombiniert.

**PIONIERGEIST**
Nachdem der amerikanische Amateur-Astronom Grote Reber (geb. 1911) von Janskys Entdeckung gehört hatte, installierte er in seinem Garten einen beweglichen Radiowellenempfänger in Form einer Parabolantenne von 9 m Durchmesser. Seine Anlage richtete er auf die Milchstraße aus. Reber war einer der ersten Radioastronomen.

## HEISS UND KALT

Aus den Strahlungsintensitäten kann man die Temperaturen auf den Planeten ermitteln. Das Falschfarbenbild rechts (rot = heiß, blau = kalt) zeigt die Temperaturverteilung an der Oberfläche des Merkur (S. 44–45).

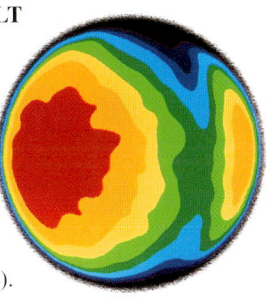

## EIN BASTLER

Bernard Lovell (geb. 1913) zählt zu den Pionieren der Radioastronomie. In Jodrell Bank/England baute er 1945 aus ausrangierten Radaranlagen der Armee eine Empfangsstation. Hier steht er im Kontrollraum. Im Hintergrund ist ein Teil der Empfangsantenne (Baujahr 1957, Durchmesser 76 m) zu sehen.

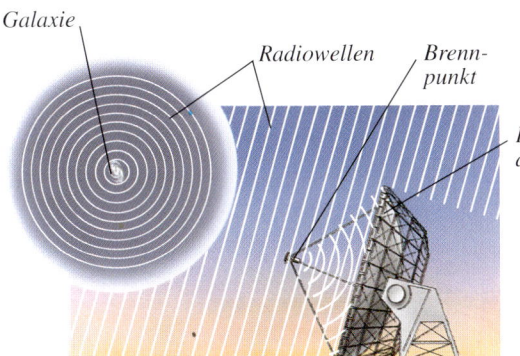

## GRÖSSENREKORD

Dank der modernen Kommunikationstechnik können Radioastronomen heute weltweit Nachrichten und Daten austauschen. Anders als optische Teleskope sind Radioteleskope nicht auf klaren Himmel angewiesen. Das rechts abgebildete steht bei Effelsberg in der Eifel und ist das größte voll drehbare Radioteleskop (Durchmesser 100 m).

## WIE FUNKTIONIERT EIN RADIOTELESKOP?

Die Parabolantenne wird auf die gewünschte Signalquelle gerichtet. Vom Brennpunkt werden die empfangenen Signale zum Empfänger und von dort an einen Computer weitergeleitet. Hier werden die Intensitäten der Radiowellen in Bilder, wie z.B. das oben gezeigte des Merkur, umgesetzt.

## INTERFEROMETER

Ein System aus zwei oder mehr Parabolantennen mit gemeinsamem Empfänger nennt man Interferometer. Damit erhält man größere Empfangsflächen: Zwei 100 km voneinander entfernte Antennen wirken dann wie eine einzige 100 km breite. Eine der größten derartigen Anordnungen, das VLA (Very Large Array), steht in der Wüste bei Socorro, New Mexico/USA. 27 Parabolantennen, in Y-Form aufgestellt, überstreichen hier ein Gebiet von 27 km Durchmesser.

*Parabolantenne*

*Drehbare Lagerung*

# Aufbruch ins All

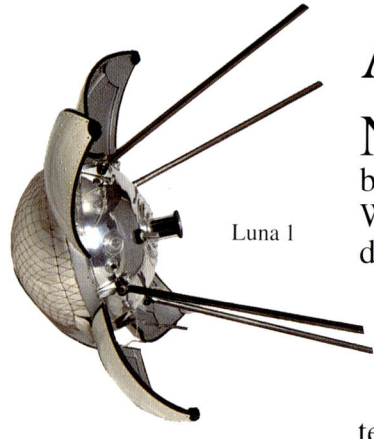
Luna 1

Nach der Explosion der Raumfähre *Challenger* (1986) und den optischen Problemen mit dem *Hubble*-Raumteleskop (1993) kam zunehmend Kritik an der Weltraumforschung auf. Man sah keinen Sinn mehr darin, enorme Summen für den Wettlauf ins All zu investieren, während sich auf der Erde – besonders nach dem Ende des Kalten Krieges – die Wirtschaftskrise verschärfte. Dennoch darf man nicht verkennen, daß vieles, was wir täglich nutzen, auf die Weltraumforschung zurückgeht. So wurden hochgradig feste und doch leichte Materialien und neue Methoden der Wasseraufbereitung entwickelt. Für das Funktionieren von Nachrichtenverbindungen und Navigationseinrichtungen für Schiffe und Flugzeuge sind Satelliten heute unentbehrlich. Über Fernseh- und Rundfunksatelliten empfangen wir Information und Unterhaltung rund um die Uhr. Bei Wettervorhersagen greift man auf Daten zurück, die von Satelliten aufgenommen werden, und schließlich können auch Bodenschätze mit Hilfe von Satelliten aufgespürt werden. Zu erwähnen sind auch die satellitengestützten militärischen Frühwarnsysteme.

**GRIFF NACH DEM MOND**
1957 wurde der erste künstliche Erdsatellit gestartet: die sowjetische Sonde *Sputnik 1*. In der Folge schickte die damalige UdSSR mehrere unbemannte *Luna*-Sonden Richtung Mond. *Luna 1* passierte ihn erstmals in etwa 6000 km Abstand. *Luna 3* funkte die ersten Bilder von der Mondrückseite (S.40–41) zur Erde. Die erste weiche Mondlandung gelang im Februar 1966 *Luna 9*, und *Luna 16* nahm Gesteinsproben auf.

**FRÜHE VERSUCHE**
Bereits 1926 startete der amerikanische Physiker Robert Goddard (1882–1945) die erste Flüssigbrennstoff-Rakete. Um Satelliten in die Umlaufbahn zu bringen, ist dieses Prinzip günstiger als das der sehr schweren Feststoffrakete. Soll eine Rakete den Bereich der Erdanziehung ganz verlassen, muß ihre Schubkraft größer sein als ihr Gewicht.

**DER ERSTE MENSCH IM ALL**
Am 12. April 1961 startete in der damaligen UdSSR das erste bemannte Raumfahrzeug, *Wostok 1*. Darin umrundete der Kosmonaut Juri Gagarin (1934–1968) in 89 Minuten die Erde in 303 km Höhe. Nach seiner Rückkehr wurde er bei einer Militärparade als Nationalheld geehrt (hier mit Generalsekretär Chruschtschow).

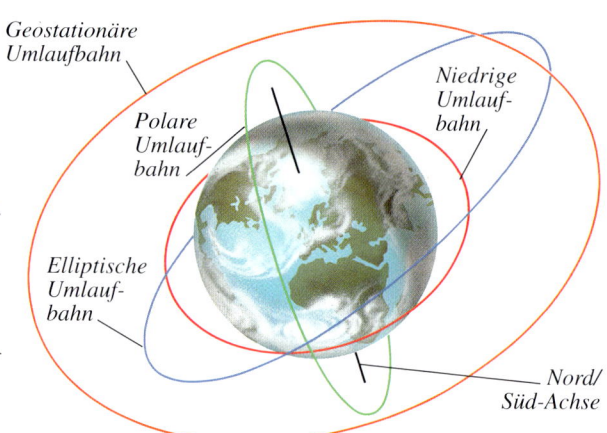

*Geostationäre Umlaufbahn*
*Niedrige Umlaufbahn*
*Polare Umlaufbahn*
*Elliptische Umlaufbahn*
*Nord/Süd-Achse*

**STERNSTUNDE DER MENSCHHEIT**
Als erster Mensch betrat der amerikanische Astronaut Neil Armstrong (geb. 1930) am 21. Juli 1969 den Mond. Bis 1972 gelangen den Amerikanern sechs weitere Mondlandungen. Eine siebte Mannschaft mußte wegen eines Defekts ohne Landung zurückkehren. Von den Mondlandungen erhoffte man sich insbesondere Erkenntnisse zur Entstehung und Entwicklung des Mondes. Das Foto rechts zeigt James Irwin am Mondauto; er landete 1971 mit *Apollo 15* auf dem Mond.

**ZWECKGEBUNDEN**
Jeder Satellit wird in diejenige Umlaufbahn befördert, die für seinen Zweck die günstigste ist. Für Raumteleskope wie *Hubble* (S.7) wählt man niedrige Umlaufbahnen in etwa 500 km Höhe. Überwachungssatelliten kreisen meist auf einer von Norden nach Süden verlaufenden Bahn; so überstreicht ihr Blickfeld nach und nach die ganze Erde. Nachrichten- und Wettersatelliten „positioniert" man häufig über dem Äquator. Wenn sie dabei eine bestimmte Höhe (ca. 36.000 km) haben, stehen sie immer über demselben Punkt der Erde (man nennt dies geostationär).

## KOOPERATION IM ALL

*Ariane* heißt die Rakete der europäischen Raumfahrtorganisation ESA. Sie wird von mehreren Ländern gemeinsam genutzt, meist als Trägerrakete für Wetter- oder Nachrichtensatelliten. Während die USA und die UdSSR in den 60er und 70er Jahren hart um die Vorherrschaft im All konkurrierten, setzten die europäischen Länder fast von Anfang an auf Kooperation, um die enormen Kosten der technischen Entwicklung im Rahmen zu halten. Das Foto zeigt den Start einer *Ariane* in Französisch-Guayana (1984), der allerdings mißglückte; die Rakete explodierte, kurz nachdem diese Aufnahme entstand.

# Die Raumfähre

Satellitentransporte „per Rakete" sind aufwendig und teuer, da das Beförderungsmittel (die Rakete) dabei verlorengeht. Die amerikanische Raumfähre (*Spaceshuttle*) dagegen kehrt nach Beendigung ihrer Mission zur Erde zurück. So brachte sie 1994 ein Reparaturteam zum *Hubble*-Teleskop, dessen Spiegel defekt war. Außerdem werden mit dem *Spaceshuttle* nach und nach Teile einer Raumstation in eine Umlaufbahn gebracht.

*Zusatztank*

### STARTHILFE

Die Raumfähre startet mit Hilfe zweier großer Feststoffraketen. Nach dem Leerbrennen werden sie abgesprengt, schweben an Fallschirmen zur Erde und können wiederverwendet werden. Die Raumfähre landet mit etwa 350 km/h. Gegen die Reibungswärme beim Wiedereintritt in die Atmosphäre schützen Keramikkacheln.

## LEBEN IM ALL
1986 brachte die UdSSR ihre Raumstation *Mir* in eine Umlaufbahn. Sie besteht aus einer Einheit zum Wohnen und Arbeiten sowie mehreren Anschlußdocks. An diesen können Erweiterungen angebracht oder Güter angeliefert werden. Einige Kosmonauten verbrachten über ein Jahr in der Station. Sie führten auch medizinische Tests über das Leben im All durch.

### LOSGELÖST
Im Weltraum spüren die Astronauten keine Schwerkraft und müssen sich anders als gewohnt bewegen. Dies läßt sich unter Wasser simulieren, wobei das Wasser den Bewegungen allerdings Widerstand entgegensetzt.

*Keramikkacheln*

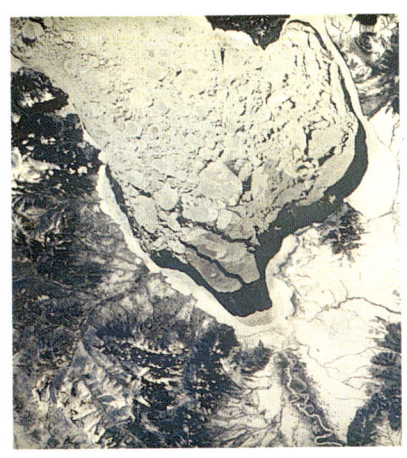

## VIELERLEI NUTZEN
Wettersatelliten erkunden Wolkenbewegungen und Meeresströmungen und liefern Daten zur täglichen Wettervorhersage. Werden große Areale erfaßt wie dieses Treibeisgebiet bei Rußland, lassen sich sogar Klimaänderungen vorhersagen. Andere Satelliten dienen geologischen und ökologischen Zwecken: So werden z.B. Erzlagerstätten und die Planktonverteilung in den Meeren per Satellit ermittelt.

*Feststoffrakete*   *Raumfähre*

# Unser Sonnensystem

Das Sonnensystem ist eine Anordnung von Planeten, Monden und kleineren Trümmern, die um die Sonne kreisen, und wird von deren Schwerkraft zusammengehalten. Vermutlich entstand es aus einer gigantischen Gas- und Staubwolke, die sich vor etwa 5 Mrd. Jahren unter dem Einfluß der Schwerkraft verdichtete. Die Planeten unseres Sonnensystems teilt man in zwei Gruppen ein. Die vier sonnennächsten nennt man erdähnlich oder terrestrisch (lat. *terra* = Erde). Sie sind relativ klein, von hoher Dichte und haben eine feste Oberfläche. Vier der weiter von der Sonne entfernten Planeten bezeichnet man als jupiterähnlich oder iovianisch (lat. *Iovis* = Jupiter). Sie sind groß und bestehen vor allem aus dichten Gasen. Zwischen Mars und Jupiter befindet sich der Asteroidengürtel (S.58), eine Ansammlung kleinerer Himmelskörper. Der äußerste Planet, Pluto, bildet als Sonderfall eine eigene Kategorie (S.57).

**PERSONIFIZIERTE ASTRONOMIE**
Hier sitzt die Astronomie, in einen Sternenmantel gehüllt, mit Globus, Teleskop und Quadrant neben einer anderen weiblichen Figur, vermutlich der Mathematik. Der kleine Engel hält ein Spruchband mit der Inschrift „Wägen und messen", den Grundlagen der Astronomie.

Sonne / Merkur / Venus / Erde / Mars / Asteroidengürtel / Jupiter / Saturn / Uranus / Neptun / Pluto

**GRÖSSENVERHÄLTNISSE**
Die Sonne ist mit 1,392 Mio. km Durchmesser fast zehnmal größer als Jupiter, der größte Planet, in dessen Volumen sich alle anderen Planeten unterbringen ließen. Auf der Abbildung oben sind Planeten und Sonne im richtigen Größenverhältnis dargestellt. Die Planeten, deren Umlaufbahnen näher bei der Sonne liegen als die der Erde, bezeichnet man als innere Planeten; die anderen nennt man die äußeren. Die vier relativ kleinen, sonnennahen Planeten Merkur, Venus, Erde und Mars haben geringere Massen als die vier nächstäußeren, sind jedoch erheblich dichter (S.45). Jupiter, Saturn, Uranus und Neptun umkreisen die Sonne in größerem Abstand und sind auch voneinander weit entfernt.

Neptun mit einem Mond / Saturn mit acht Monden / Erde / Mond / Venus / Merkur / Sonne / Mars mit zwei Monden / Jupiter mit neun Monden / Uranus mit vier Monden / Kurbel / Getriebe

**ANSCHAULICH GEMACHT**
Im 19.Jh. veranschaulichte man den Aufbau und die Bewegungsabläufe des Sonnensystems mit Hilfe solcher mechanischer Modelle, die man mit einer Kurbel in Gang setzte. Da man noch keine detaillierten Kenntnisse über die Größenverhältnisse im Sonnensystem hatte, waren solche Modelle meist nicht maßstabsgetreu. Auch die Anzahl der Monde gab nur den damaligen Wissensstand wieder.

### HIMMELSMECHANIK
Der Franzose Pierre Simon Laplace (1749–1827) versuchte erstmals, die Bewegungen der Himmelskörper mathematisch zu beschreiben. In seinem Werk *Traité de méchanique céleste* (Über die Himmelsmechanik) nutzte er seine Erkenntnisse, um die Theorie der universellen Gravitation (S.21) zu untermauern. Seine Ansicht, der Himmel sei eine riesige Maschinerie, die – wie eine Uhr nach dem Aufziehen – selbständig weiterlaufe, provozierte im folgenden Jahrhundert heftigen Widerspruch.

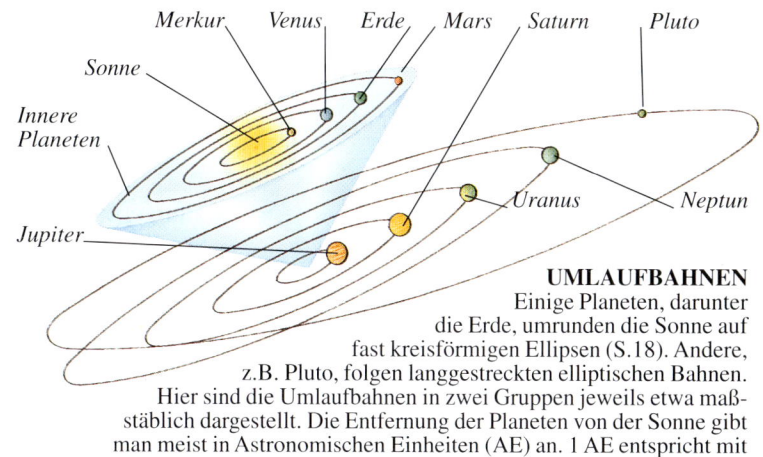

### UMLAUFBAHNEN
Einige Planeten, darunter die Erde, umrunden die Sonne auf fast kreisförmigen Ellipsen (S.18). Andere, z.B. Pluto, folgen langgestreckten elliptischen Bahnen. Hier sind die Umlaufbahnen in zwei Gruppen jeweils etwa maßstäblich dargestellt. Die Entfernung der Planeten von der Sonne gibt man meist in Astronomischen Einheiten (AE) an. 1 AE entspricht mit 149,6 Mio. km dem mittleren Abstand zwischen Sonne und Erde.

## Planetenlandschaften im Bild

Raumsonden (S.34–35) dienen u.a. dazu, aus möglichst großer Nähe entstandene Aufnahmen von Planeten zur Erde zu senden. Die sehr unterschiedliche Qualität der Aufnahmen kann meist mit Hilfe von Bildbearbeitungscomputern verbessert werden. Dazu wird jedes Bild elektronisch abgetastet (gescannt). Danach liegt es in Form von 64.000 Einzelpunkten (Pixeln) vor, deren Helligkeitswert jeweils als Zahl gespeichert wird. Durch spezielle Rechenverfahren werden angrenzende Bilder in Größe und Helligkeit einander angeglichen, so daß man einheitliche Abbildungen größerer Gebiete erhält. Die Bilder werden ausgedruckt oder am Bildschirm sichtbar gemacht.

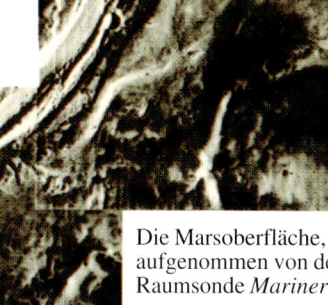

Die Marsoberfläche, aufgenommen von der Raumsonde *Mariner 9*

*Die ganz leichten Elemente entweichen.*

*Leichte Elemente*

*Schwere Elemente*

*Schwingende Platte*

### MOSAIK AUS BILDERN
Planetenoberflächen werden meist in Falschfarben oder schwarzweiß dargestellt. Damit erreicht man bessere Kontraste. Durch Aneinanderfügen vieler Aufnahmen bildet man große Flächen ab.

### WASSERSTOFF IM SONNENSYSTEM
Bei derselben Temperatur bewegen sich die Moleküle der leichteren Gase schneller als die der schwereren. Das wird im Modell (links) simuliert. Insbesondere bei kleinen Planeten von geringer Dichte reicht die Anziehungskraft aufgrund der Gravitation nicht aus, um die schnellen Moleküle festzuhalten. So vermag die Erde den Wasserstoff, eines der leichtesten Elemente, nicht festzuhalten. Weil Wasserstoff so leicht ist, daß kaum ein Planet ihn festhalten kann, ist er im Weltraum fast überall zu finden. Die Sonne mit ihrer gewaltigen Masse besteht zum größten Teil aus Wasserstoff, der in Kernreaktionen zu Helium verschmolzen wird. Dabei werden unvorstellbar große Energiemengen frei.

### DER MARS IN FARBE
Dieses Bild des Mars entstand aus über 50 Einzelaufnahmen, die per Computer zusammengesetzt wurden. Sie stammen von der Raumsonde *Viking*. Die Farben wurden mit Filtern erzeugt; sie sorgen für bessere Kontraste.

# Die Sonne

**BLICK ZUR SONNE**
Der französische Astronom Bernard Lyot (1897–1952) erfand 1930 den Koronographen, mit dem man, da er die Sonnenscheibe verdeckt, die Korona beobachten kann.

Seit jeher gilt die Sonne als Lebensspenderin und Triebkraft allen Geschehens auf der Erde. Sie ist das Zentrum unseres Sonnensystems und damit „unser Stern". Verglichen mit anderen Sternen ist sie uns sehr nah und dient daher den Astronomen als Forschungsobjekt für die Beschaffenheit und die Eigenschaften von Sternen im allgemeinen. Am leichtesten sind ihre äußeren Schichten zu untersuchen: die Korona (vom lateinischen Wort für Kranz), die Chromosphäre und die Photosphäre. Mit Hilfe der Spektroskopie (S.30–31) stellte man fest, daß die Sonne hauptsächlich aus Wasserstoff besteht. In ihrem extrem heißen Kern herrscht ein so enormer Druck, daß die Kerne der Wasserstoffatome zu Heliumkernen verschmelzen. Bei diesem Vorgang, den man als Kernfusion bezeichnet, wird Masse in Energie umgesetzt, und es werden unvorstellbar große Energiemengen frei. Pro Minute setzt die Sonne 240 Mio. t ihrer Masse in Energie um! Mathematisch drückt man diesen Sachverhalt mit Einsteins berühmter Formel $E = mc^2$ aus (S.63), wobei $m$ für Masse, $E$ für Energie und $c$ für die Lichtgeschwindigkeit steht.

**VORSICHT!**
Trotz der großen Entfernung der Sonne von der Erde ist ihr Licht so intensiv, daß es die Augen dauerhaft schädigt, wenn man direkt in die Sonne schaut, womöglich noch durch ein Fernrohr. Galilei war sich dieser Gefahr wohl nicht bewußt; er erblindete aufgrund häufiger Sonnenbeobachtung. Die Aufnahme oben entstand im Kitt-Peak-Observatorium in Arizona/USA. Hier reflektieren zwei Spiegel an der Kuppel das Bild der Sonne auf einen dritten in der Beobachtungsfläche, so daß die Helligkeit erträglich wird.

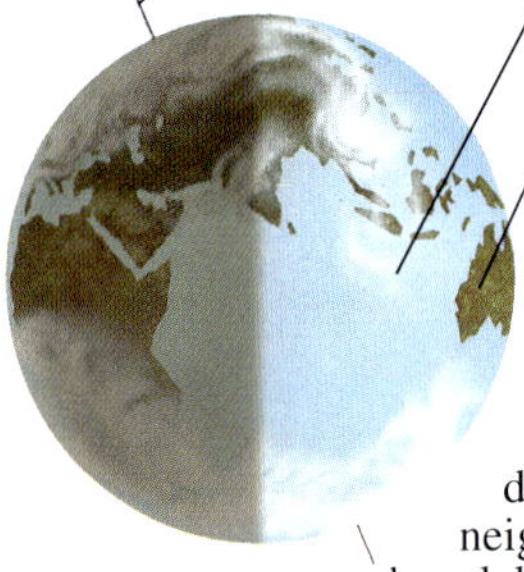

**JAHRESZEITEN**
Der Wechsel der Jahreszeiten beruht darauf, daß die Erdachse um 23,5° gegen die Ekliptik (S.13) geneigt ist. Ist die Südhalbkugel der Sonne zugewandt, herrscht hier Sommer und auf der Nordhalbkugel Winter. Die unterschiedliche Höhe, die die Sonne in den verschiedenen Jahreszeiten am Mittag erreicht, und die wechselnde Tageslänge haben dieselbe Ursache. Nah beim Äquator sind diese Änderungen deutlich geringer.

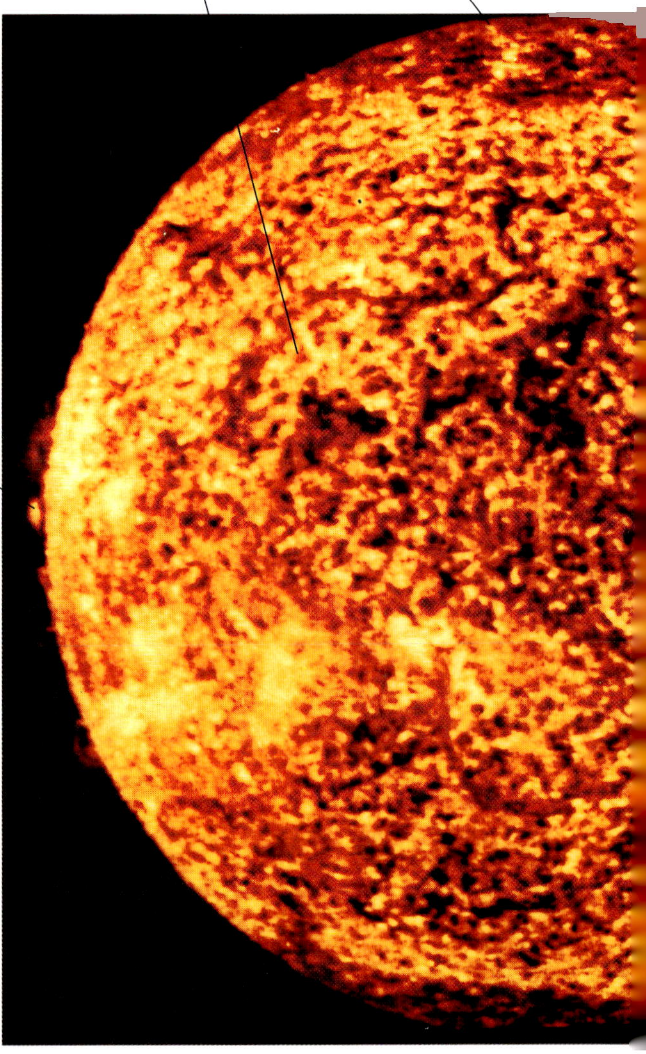

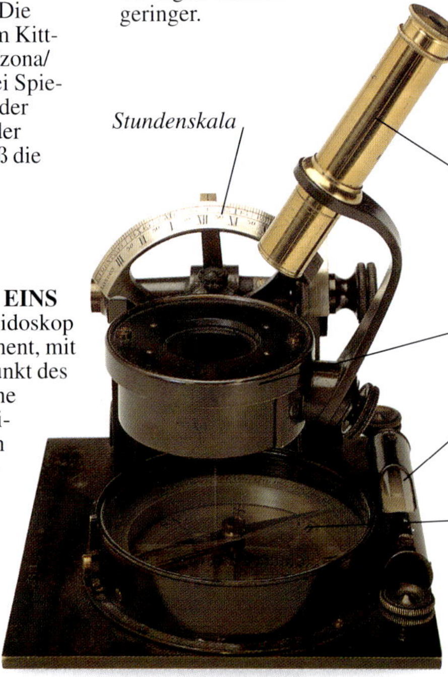

*Erdachse*
*Der Sonne zugewandte Südhalbkugel*
*Sommer*

*Chromosphäre*
*Photosphäre*
*Protuberanz*
*Okular*
*Stundenskala*
*Prismenhalterung*
*Wasserwaage*
*Kompaß*

**AUS ZWEI MACH EINS**
1842 wurde das Dipleidoskop erfunden, ein Instrument, mit dem man den Zeitpunkt des Durchgangs der Sonne durch den örtlichen Meridian genauer bestimmen kann als mit einer Sonnenuhr (S.14). Es hat ein rechtwinkliges Hohlprisma mit zwei verspiegelten Flächen. Beim höchsten Sonnenstand vereinigen sich in ihm beide Bilder der Sonne zu einem.

### HIMMELSMECHANIK
Der Franzose Pierre Simon Laplace (1749–1827) versuchte erstmals, die Bewegungen der Himmelskörper mathematisch zu beschreiben. In seinem Werk *Traité de méchanique céleste* (Über die Himmelsmechanik) nutzte er seine Erkenntnisse, um die Theorie der universellen Gravitation (S.21) zu untermauern. Seine Ansicht, der Himmel sei eine riesige Maschinerie, die – wie eine Uhr nach dem Aufziehen – selbständig weiterlaufe, provozierte im folgenden Jahrhundert heftigen Widerspruch.

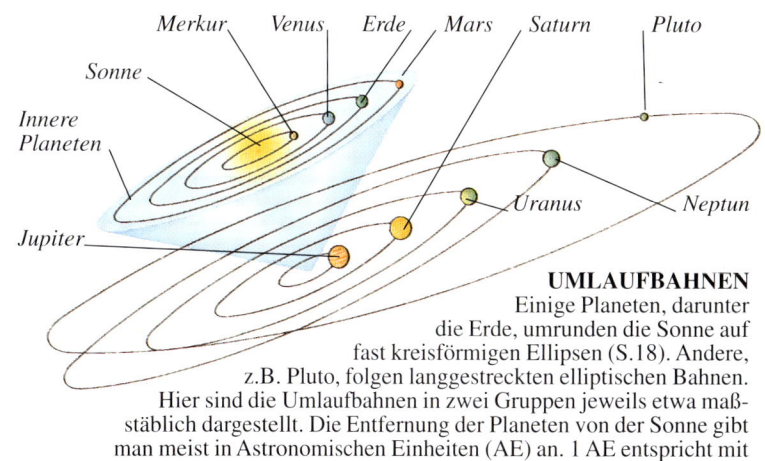

### UMLAUFBAHNEN
Einige Planeten, darunter die Erde, umrunden die Sonne auf fast kreisförmigen Ellipsen (S.18). Andere, z.B. Pluto, folgen langgestreckten elliptischen Bahnen. Hier sind die Umlaufbahnen in zwei Gruppen jeweils etwa maßstäblich dargestellt. Die Entfernung der Planeten von der Sonne gibt man meist in Astronomischen Einheiten (AE) an. 1 AE entspricht mit 149,6 Mio. km dem mittleren Abstand zwischen Sonne und Erde.

## Planetenlandschaften im Bild

Raumsonden (S.34–35) dienen u.a. dazu, aus möglichst großer Nähe entstandene Aufnahmen von Planeten zur Erde zu senden. Die sehr unterschiedliche Qualität der Aufnahmen kann meist mit Hilfe von Bildbearbeitungscomputern verbessert werden. Dazu wird jedes Bild elektronisch abgetastet (gescannt). Danach liegt es in Form von 64.000 Einzelpunkten (Pixeln) vor, deren Helligkeitswert jeweils als Zahl gespeichert wird. Durch spezielle Rechenverfahren werden angrenzende Bilder in Größe und Helligkeit einander angeglichen, so daß man einheitliche Abbildungen größerer Gebiete erhält. Die Bilder werden ausgedruckt oder am Bildschirm sichtbar gemacht.

*Die ganz leichten Elemente entweichen.*

*Leichte Elemente*

*Schwere Elemente*

*Schwingende Platte*

Die Marsoberfläche, aufgenommen von der Raumsonde *Mariner 9*

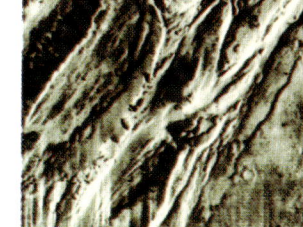

### MOSAIK AUS BILDERN
Planetenoberflächen werden meist in Falschfarben oder schwarzweiß dargestellt. Damit erreicht man bessere Kontraste. Durch Aneinanderfügen vieler Aufnahmen bildet man große Flächen ab.

### WASSERSTOFF IM SONNENSYSTEM
Bei derselben Temperatur bewegen sich die Moleküle der leichteren Gase schneller als die der schwereren. Das wird im Modell (links) simuliert. Insbesondere bei kleinen Planeten von geringer Dichte reicht die Anziehungskraft aufgrund der Gravitation nicht aus, um die schnellen Moleküle festzuhalten. So vermag die Erde den Wasserstoff, eines der leichtesten Elemente, nicht festzuhalten. Weil Wasserstoff so leicht ist, daß kaum ein Planet ihn festhalten kann, ist er im Weltraum fast überall zu finden. Die Sonne mit ihrer gewaltigen Masse besteht zum größten Teil aus Wasserstoff, der in Kernreaktionen zu Helium verschmolzen wird. Dabei werden unvorstellbar große Energiemengen frei.

### DER MARS IN FARBE
Dieses Bild des Mars entstand aus über 50 Einzelaufnahmen, die per Computer zusammengesetzt wurden. Sie stammen von der Raumsonde *Viking*. Die Farben wurden mit Filtern erzeugt; sie sorgen für bessere Kontraste.

# Die Sonne

Seit jeher gilt die Sonne als Lebensspenderin und Triebkraft allen Geschehens auf der Erde. Sie ist das Zentrum unseres Sonnensystems und damit „unser Stern". Verglichen mit anderen Sternen ist sie uns sehr nah und dient daher den Astronomen als Forschungsobjekt für die Beschaffenheit und die Eigenschaften von Sternen im allgemeinen. Am leichtesten sind ihre äußeren Schichten zu untersuchen: die Korona (vom lateinischen Wort für Kranz), die Chromosphäre und die Photosphäre. Mit Hilfe der Spektroskopie (S.30–31) stellte man fest, daß die Sonne hauptsächlich aus Wasserstoff besteht. In ihrem extrem heißen Kern herrscht ein so enormer Druck, daß die Kerne der Wasserstoffatome zu Heliumkernen verschmelzen. Bei diesem Vorgang, den man als Kernfusion bezeichnet, wird Masse in Energie umgesetzt, und es werden unvorstellbar große Energiemengen frei. Pro Minute setzt die Sonne 240 Mio. t ihrer Masse in Energie um! Mathematisch drückt man diesen Sachverhalt mit Einsteins berühmter Formel $E = mc^2$ aus (S.63), wobei $m$ für Masse, $E$ für Energie und $c$ für die Lichtgeschwindigkeit steht.

**BLICK ZUR SONNE**
Der französische Astronom Bernard Lyot (1897–1952) erfand 1930 den Koronographen, mit dem man, da er die Sonnenscheibe verdeckt, die Korona beobachten kann.

**VORSICHT!**
Trotz der großen Entfernung der Sonne von der Erde ist ihr Licht so intensiv, daß es die Augen dauerhaft schädigt, wenn man direkt in die Sonne schaut, womöglich noch durch ein Fernrohr. Galilei war sich dieser Gefahr wohl nicht bewußt; er erblindete aufgrund häufiger Sonnenbeobachtung. Die Aufnahme oben entstand im Kitt-Peak-Observatorium in Arizona/USA. Hier reflektieren zwei Spiegel an der Kuppel das Bild der Sonne auf einen dritten in der Beobachtungsfläche, so daß die Helligkeit erträglich wird.

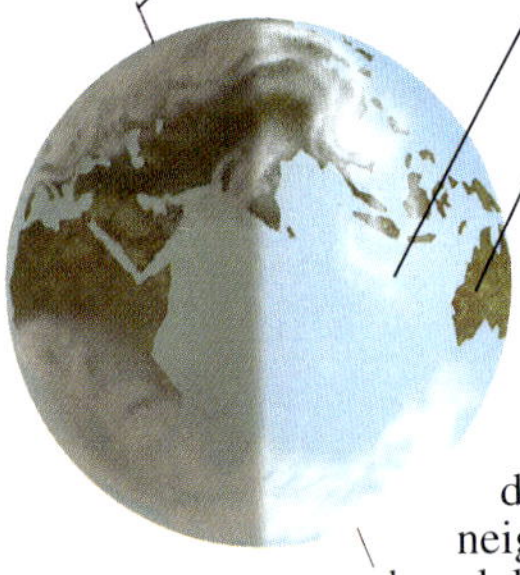

**JAHRESZEITEN**
Der Wechsel der Jahreszeiten beruht darauf, daß die Erdachse um 23,5° gegen die Ekliptik (S.13) geneigt ist. Ist die Südhalbkugel der Sonne zugewandt, herrscht hier Sommer und auf der Nordhalbkugel Winter. Die unterschiedliche Höhe, die die Sonne in den verschiedenen Jahreszeiten am Mittag erreicht, und die wechselnde Tageslänge haben dieselbe Ursache. Nah beim Äquator sind diese Änderungen deutlich geringer.

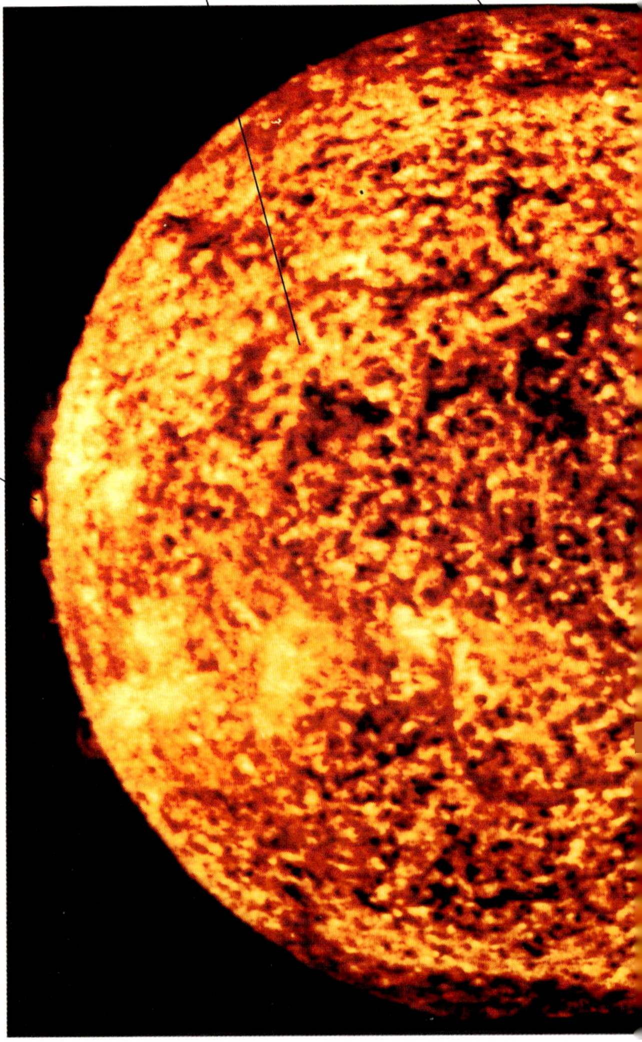

**AUS ZWEI MACH EINS**
1842 wurde das Dipleidoskop erfunden, ein Instrument, mit dem man den Zeitpunkt des Durchgangs der Sonne durch den örtlichen Meridian genauer bestimmen kann als mit einer Sonnenuhr (S.14). Es hat ein rechtwinkliges Hohlprisma mit zwei verspiegelten Flächen. Beim höchsten Sonnenstand vereinigen sich in ihm beide Bilder der Sonne zu einem.

## STRAHLENKRANZ

Als äußerste Schicht der Sonnenatmosphäre reicht die Korona Millionen von Kilometern in den Weltraum. Sehen können wir sie nicht, weil sie von der Helligkeit des Himmels überstrahlt wird. Bei einer totalen Sonnenfinsternis jedoch wird sie als Kranz um den dunklen Mond sichtbar (wie hier 1970 in Mexiko).

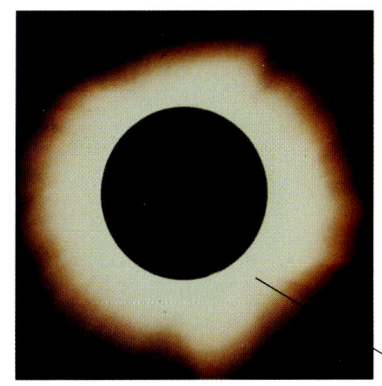

*Korona*

# Sonnenflecken

In den Sonnenflecken ist die Temperatur niedriger als in der umliegenden Photosphäre. Als Ursache vermutet man starke Magnetfelder, die den Wärmetransport vom Kern nach außen behindern. Bei intensiver Sonnenflecken-Aktivität kommt es auch zu heftigen Eruptionen, bei denen geladene Teilchen ins All geschleudert werden. Erreichen diese die Erde, können sie den Funkverkehr stören. Sie bewirken außerdem so imposante Naturschauspiele wie die Polarlichter.

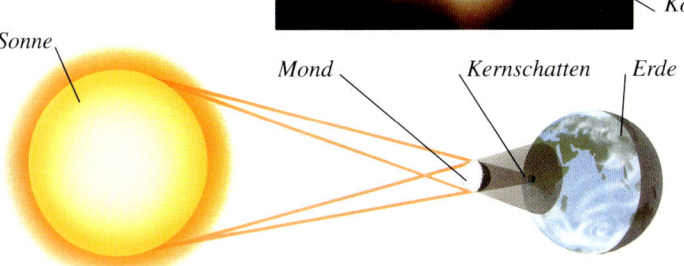

*Sonne* *Mond* *Kernschatten* *Erde*

## AUF DEN STANDORT KOMMT ES AN

Bei einer Sonnenfinsternis schiebt sich der Mond zwischen Sonne und Erde, so daß diese für einige Zeit teilweise im Schatten liegt. Im gleichen Gebiet tritt eine totale Sonnenfinsternis nur etwa alle 360 Jahre auf, weil der Mond einen sehr kleinen Kernschatten wirft. Global betrachtet können jährlich allerdings mehrere Sonnenfinsternisse auftreten.

## WANDERNDE FLECKEN

An der „Bewegung" der Sonnenflecken erkennt man, daß sich die Sonne um sich selbst dreht. Anders als bei den meisten Planeten erfaßt diese Bewegung aber nicht die ganze Sonne gleichmäßig, weil sie nicht aus Feststoffen besteht. Eine Umdrehung der Sonne dauert am Äquator 25 und an den Polen 30 Tage. Die Aufnahmen rechts zeigen die Entwicklung einer Sonnenflecken-Gruppe während 14 Tagen im Frühjahr 1947.

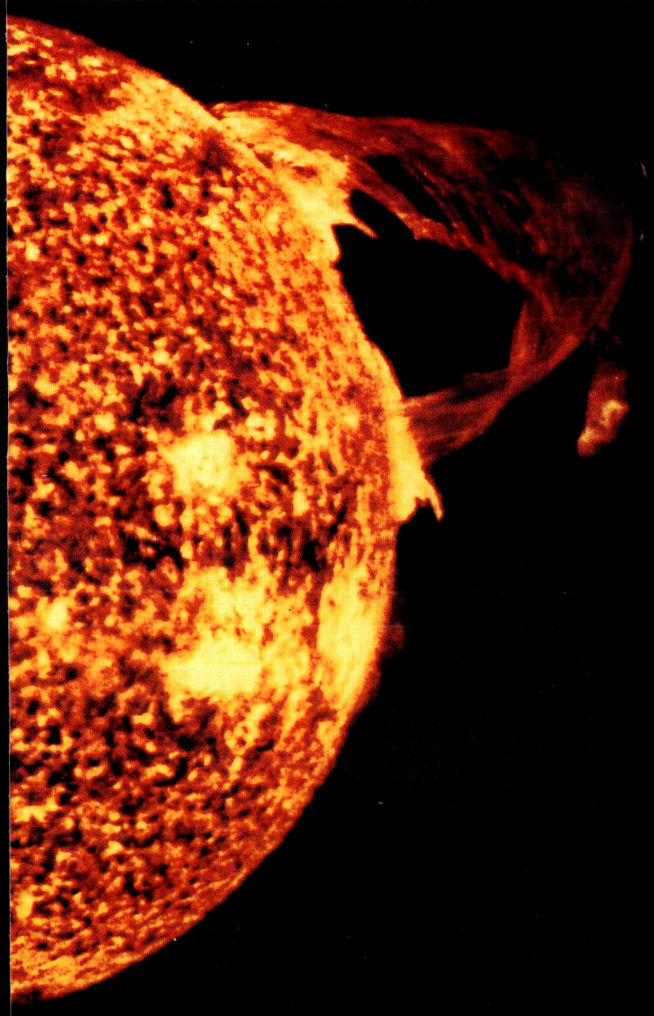

## PHOTOHELIOGRAPH

Ein Photoheliograph ist ein Spezialteleskop zur Beobachtung von Sonnenflecken. Anstelle des Okulars hat er eine dunkle Glasscheibe, auf die das Bild der Sonne projiziert wird. Koordinaten erleichtern das „Ausmessen" der Sonnenflecken.

## SCHICHTWEISE

Die Sonnenoberfläche besteht aus mehreren Gasschichten unterschiedlicher Temperatur und Dichte. Das Licht, das die Sonne ausstrahlt, kommt vor allem aus der 300 bis 400 km dicken Photosphäre (griech.: *photos* = des Lichts). Die nächstäußere Schicht ist die heißere Chromosphäre (griech.: *chroma* = Farbe). Über ihr liegt die Korona (S.38). Die Schichten unterliegen ständigen Störungen. Oft treten auch Protuberanzen auf – gewaltige Ausbrüche, bei denen heiße Gasmassen Tausende von Kilometern hochgeschleudert werden.

### DATEN DER SONNE

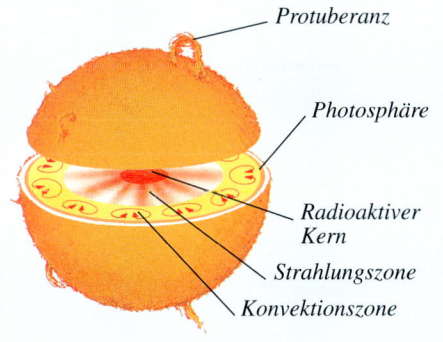

*Protuberanz*
*Photosphäre*
*Radioaktiver Kern*
*Strahlungszone*
*Konvektionszone*

- **Äquatordurchmesser** 1,4 Mio. km
- **Mittlerer Abstand von der Erde** 149,6 Mio. km
- **Rotationsdauer** 25 Erdentage
- **Volumen** (Erde = 1) 1.306.000
- **Masse** (Erde = 1) 333.000
- **Dichte** (Wasser = 1) 1,41
- **Temperatur an der Oberfläche** 5500 °C

# Der Mond

Der Mond ist als einziger natürlicher Satellit der Erde im Durchschnitt 384.000 km von uns entfernt. Er leuchtet 2000mal heller als die Venus und ist damit nach der Sonne der hellste Himmelskörper. Wie der Mond entstand, ist noch nicht geklärt. Manche Wissenschaftler meinen, daß er im anfänglichen Sonnensystem gleichzeitig mit der Erde aus Gas- und Staubwolken hervorging. Andere halten ihn für einen ehemals „eigenständigen" Himmelskörper, der von der Schwerkraft der Erde eingefangen wurde. Wieder andere sind überzeugt, daß einst ein Objekt von der Größe des Mars mit der Erde zusammenstieß und der Mond sich aus herausgeschleuderten Trümmern bildete.

**DER ERDE ZUGEWANDT**
Der Mond wendet uns stets dieselbe Seite zu. Von der Erde aus gesehen pendelt er auf seiner elliptischen Umlaufbahn leicht hin und her (man nennt dies Libration), so daß wir insgesamt ca. 59% seiner Oberfläche sehen. Die oben gezeigte Karte (1647), die auch die Libration berücksichtigt, erstellte der deutsche Astronom Johannes Hevelius (1611–1687).

*Anhand der Schattenlänge kann man die Kratertiefe errechnen.*

**KRATERLANDSCHAFT**
Da der Mond keine Atmosphäre hat, gibt es an seiner Oberfläche keine Verwitterung. Die Mondkrater sehen deshalb heute noch genauso aus wie vor 3,5 bis 4,5 Mrd. Jahren, als sie durch Meteoriteneinschläge entstanden. Das Gipsmodell links zeigt den Kopernikus-Krater (Durchmesser: 90 km; Tiefe: 3352 m). In ihm erheben sich bis zu 5000 m hohe Berge.

*Kraterboden*
*Kraterrand*

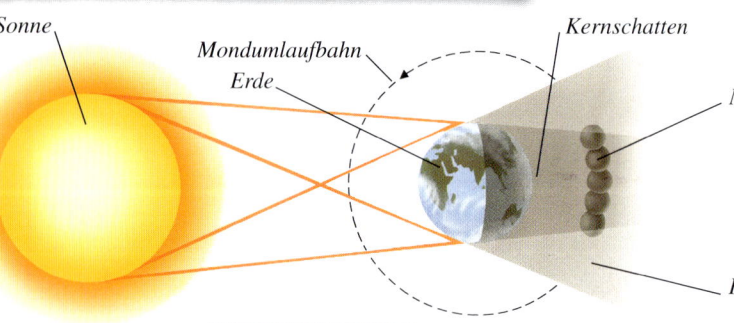

*Sonne*
*Mondumlaufbahn*
*Erde*
*Kernschatten*
*Mond*
*Halbschatten*

**SCHATTENSPIELE**
Bei einer Mondfinsternis befindet sich die Erde zwischen Sonne und Vollmond, so daß der Erdschatten auf diesen fällt. Eine Mondfinsternis ist auf der gesamten Erdhalbkugel sichtbar.

*Mondäquator*

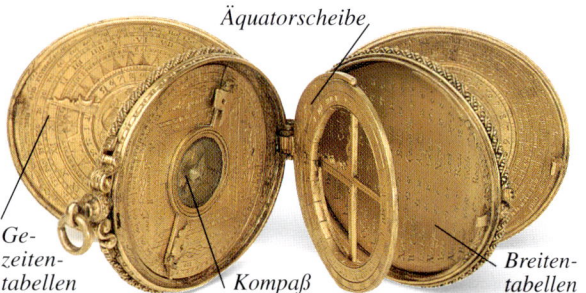

*Äquatorscheibe*

**GEZEITENTAFELN**
Der Unterschied der Anziehungskräfte des Mondes und der Sonne auf die ihnen zu- bzw. abgewandte Seite der Erde bewirkt die Gezeiten der Meere. Wenn bei Neu- oder Vollmond Sonne, Erde und Mond etwa auf einer Geraden liegen, ist der Gezeitenhub am größten (Springflut). Stehen Sonne, Erde und Mond im rechten Winkel zueinander, ist der Hub geringer (Nippflut). Mit dem metallenen „Nachschlagewerk" von 1569 (links) konnten Seefahrer die Gezeiten in einigen europäischen Hafenstädten ermitteln.

*Gezeitentabellen*
*Kompaß*
*Breitentabellen*

## PHASEN DES MONDES

Die Mondphasen kommen dadurch zustande, daß Sonne, Erde und Mond ihren Winkel zueinander ändern. Befinden sich Sonne und Mond auf entgegengesetzten Seiten der Erde, wird die gesamte von der Erde aus sichtbare Seite des Mondes von der Sonne beschienen (Vollmond). Im umgekehrten Fall wird die für uns nicht sichtbare Mondrückseite beschienen (Neumond).

Zunehmender Mond, vier Tage nach Neumond · Vollmond nach 14 Tagen · Abnehmender Mond nach 19 Tagen · Mond nach 21 Tagen · Mond nach 24 Tagen

*Drehmechanismus*

*Meridianring*

### AUF DER RICHTIGEN SPUR?

Ende der 50er Jahre gab es erstmals Bilder von der Mondrückseite. Das rechts abgedruckte wurde 1969 aus der *Apollo 11* aufgenommen. Ein Hauptziel der Mondexpeditionen bestand darin, aus Proben von Mondgestein Aufschluß über die Entstehung des Mondes zu erhalten. Untersuchungen ergaben, daß Mondgestein eine ähnliche Zusammensetzung hat wie das der Erde (S.43). Es besteht hauptsächlich aus Silikaten, ist jedoch weniger eisenhaltig. Man folgerte daraus, daß ein großer Planet beim Zusammenprall mit der Erde Trümmer aus dieser herausschlug, die sich mit Bruchstücken des Planeten zum Mond vereinigten.

### MONDGESTEIN

Geologen untersuchten das Mondgestein und verglichen es mit irdischem. Die Proben wurden dünn geschliffen und unter Hochleistungsmikroskopen betrachtet. Die Mondmineralien – vor allem Feldspat und Olivin (die auch auf der Erde vorkommen) – zeigten keinerlei Spuren von Verwitterung.

*Polarisiertes Licht ergibt Farben im Mikroskop.*

*Keinerlei Verwitterungserscheinungen erkennbar*

*Stundenkreis*

*Erde*

### MONDKUNDE

Unter Selenographie (griech. *selene* = Mond) versteht man die kartographische Erfassung und Beschreibung der Mondoberfläche. Bei dem Mondglobus links (1797 von John Russell gefertigt) ist nur die vordere Halbkugel bemalt; wie die Rückseite des Mondes aussieht, war damals noch unbekannt. Die ersten Bilder von der Mondrückseite funkte im Oktober 1959 die sowjetische Mondsonde *Luna 3* zur Erde.

### DATEN DES MONDES

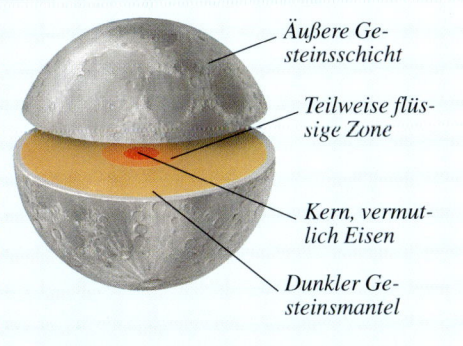

*Äußere Gesteinsschicht*

*Teilweise flüssige Zone*

*Kern, vermutlich Eisen*

*Dunkler Gesteinsmantel*

- **Zeit zwischen zwei Neumonden** 29 d 12 h 44 min
- **Äquatordurchmesser** 3476 km
- **Mittlerer Abstand von der Erde** 384.000 km
- **Rotationsdauer** 27,3 Erdentage
- **Volumen** (Erde = 1) 0,02
- **Masse** (Erde = 1) 0,012
- **Dichte** (Wasser = 1) 3,34
- **Temperatur an der Oberfläche** –155 °C bis +105 °C

# Die Erde

Die Erde ist der einzige Planet in unserem Sonnensystem, auf dem die uns bekannten Lebensformen existieren können. Ihr Wasserreichtum, die sauerstoff- und stickstoffhaltige Atmosphäre sowie ein komplexes Wettergeschehen waren und sind die Grundlage für die Entwicklung einer artenreichen Pflanzen- und Tierwelt. Seit Jahrmillionen wandeln sich Kontinente und Meere, werden Gebirge aufgefaltet und wieder abgetragen und verschieben sich Kontinentalplatten langsam in der Erdkruste. Heute ist dieses Gleichgewicht durch den Menschen gefährdet. Eingriffe wie die Rodung von Regenwaldgebieten und der enorme Verbrauch fossiler Brennstoffe bewirken, daß der Kohlendioxidanteil in der Atmosphäre rascher ansteigt, als er von den Pflanzen wieder abgebaut werden kann. Weil das Kohlendioxid die infrarote Wärmestrahlung im unteren Teil der Atmosphäre absorbiert (Treibhauseffekt, S.47), befürchtet man einen globalen Temperaturanstieg.

**ANZIEHENDER NACHBAR**
Dem Astronomen James Bradley (1693–1762) fiel auf, daß die Bahnen mancher Sterne unregelmäßig zu sein scheinen. Er führte dies auf die Schlingerbewegung der Erde aufgrund der Anziehung durch den Mond zurück.

**IM LAUFE DER ZEIT**
Die Erdkruste besteht aus Platten, die sich langsam bewegen, weil unter ihnen flüssiges Gestein in verschiedene Richtungen strömt. Wo die Platten zusammenstoßen, werden hohe Gebirge aufgefaltet, die durch Verwitterung allmählich wieder abgetragen werden (wie hier in den Anden). Spür- und sichtbare Zeichen dieser geologischen Aktivität sind Erdbeben und Vulkanausbrüche.

*Die Wüste Sahara*

*Zwei Drittel der Erdoberfläche sind von Wasser bedeckt.*

*Wolkenschichten*

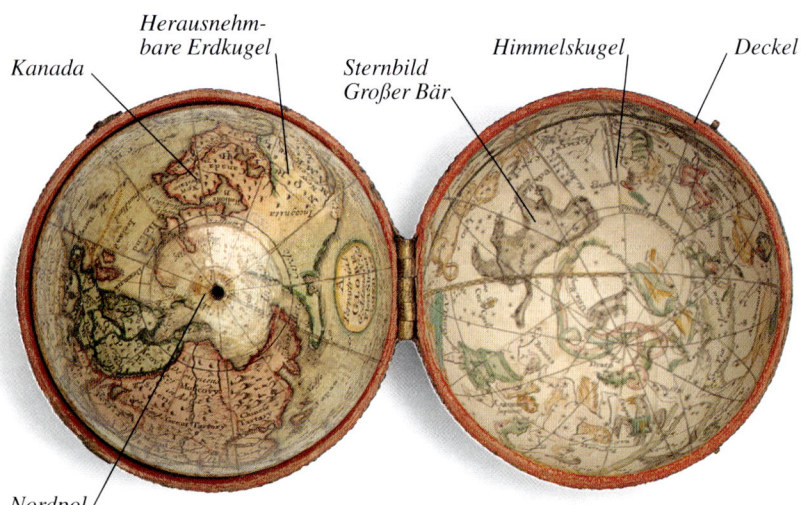

*Kanada* — *Herausnehmbare Erdkugel* — *Sternbild Großer Bär* — *Himmelskugel* — *Deckel*

*Nordpol*

**GLOBUS IM TASCHENFORMAT**
Auf einem Globus lassen sich manche Eigenschaften der Erde darstellen, die auf einer ebenen Karte nicht zu erkennen sind. Dieser Taschenglobus aus dem 19.Jh. zeigt die großen Nationen mit ihren Einflußgebieten. Der Deckel ist mit einer Abbildung der Himmelskugel (S.12–13) mit Sternbildern ausgekleidet.

## FOSSILIEN
Tote Lebewesen, die in Sedimentgestein eingeschlossen wurden, blieben so weit erhalten, daß sie noch erkennbar sind, wie hier eine Algenart.

## LEBEN UND STERBEN
Zu den ersten Lebensformen gehörten auch Pflanzen. Sie nehmen Kohlendioxid auf und geben bei der Photosynthese Sauerstoff an die Atmosphäre ab. Dadurch entstanden geeignete Bedingungen für tierisches Leben, dessen frühe Formen teilweise als Fossilien erhalten sind. Änderten sich die Lebensbedingungen, starben ganze Tierordnungen aus wie vor 65 Mio. Jahren die Dinosaurier.

*Der pflanzenfressende Edmontosaurus*

## AKUTE GEFAHR!
Die Dinosaurier waren passive Opfer von Umweltveränderungen. Die Menschheit dagegen betreibt aktiv die Zerstörung ihrer Umwelt. Im Jahre 2000, wenn 7 Mrd. Menschen oder mehr die Erde bevölkern, wird die Belastung unseres Planeten durch Abfall- und Schadstoffe noch höher sein als heute. Zum Treibhauseffekt kommt die Zerstörung der Ozonschicht durch chemische Substanzen, so daß der Schutzschild der Erde gegen schädliche kurzwellige UV-Strahlung der Sonne immer dünner wird.

## LEBENSPENDENDE ATMOSPHÄRE
Die Atmosphäre ist rund 1000 km hoch, aber nur in den unteren 10 km (der Troposphäre) dicht genug, um Leben zu ermöglichen. Die oberen Schichten schützen uns vor schädlicher Strahlung von der Sonne und aus dem Weltraum.

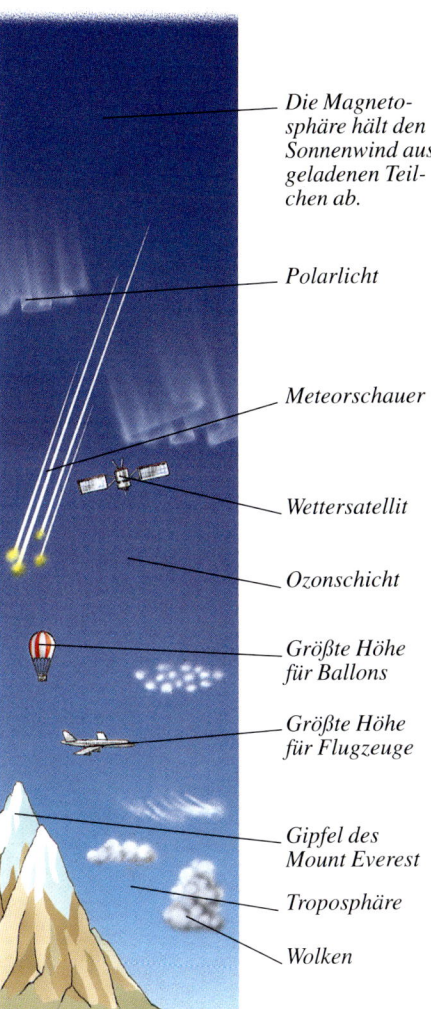

*Die Magnetosphäre hält den Sonnenwind aus geladenen Teilchen ab.*
*Polarlicht*
*Meteorschauer*
*Wettersatellit*
*Ozonschicht*
*Größte Höhe für Ballons*
*Größte Höhe für Flugzeuge*
*Gipfel des Mount Everest*
*Troposphäre*
*Wolken*

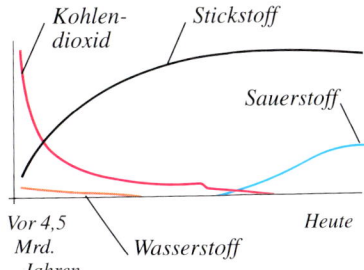

*Kohlendioxid*  *Stickstoff*  *Sauerstoff*
*Vor 4,5 Mrd. Jahren*  *Wasserstoff*  *Heute*

## ATMOSPHÄRISCHE VERÄNDERUNGEN
Seitdem die Erde existiert, hat sich die Zusammensetzung der Atmosphäre stark verändert (links). Bis vor 3 Mrd. Jahren nahm ihr Kohlendioxidanteil stark ab, während ihr Stickstoffgehalt in ähnlichem Maße stieg. Der Anstieg des Sauerstoffanteils geht auf die Photosynthesetätigkeit der Pflanzen zurück.

## UNSER BLAUER PLANET
Schon im 5.Jh.v.Chr. waren die griechischen Naturphilosophen überzeugt, daß die Erde eine Kugel ist, und 200 Jahre später hatten sie dies geometrisch bewiesen. Doch erst Ende der 50er Jahre entstanden Satellitenaufnahmen, die die Erde in ihrer tatsächlichen Gestalt zeigen. Durch ihren Wasserreichtum unterscheidet sich die Erde grundlegend von den anderen Planeten: Mehr als zwei Drittel der Erdoberfläche sind von Ozeanen bedeckt. Erosion, Gezeiten, Wetter und die ganze Vielfalt des Lebens – all dies wurde erst durch Wasser möglich.

## DATEN DER ERDE

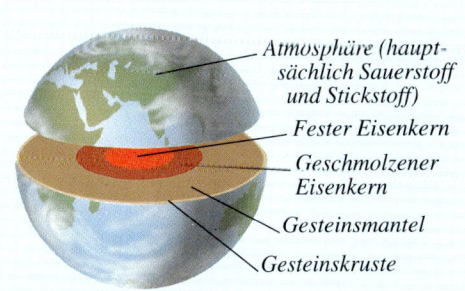

*Atmosphäre (hauptsächlich Sauerstoff und Stickstoff)*
*Fester Eisenkern*
*Geschmolzener Eisenkern*
*Gesteinsmantel*
*Gesteinskruste*

- **Umlaufdauer um die Sonne** 365,24 Sterntage
- **Äquatordurchmesser** 12.760 km
- **Mittlerer Abstand von der Sonne** 149,6 Mio. km
- **Rotationsdauer** 23 h 56 min
- **Volumen** 1.083.319,78 Mio. km$^3$
- **Masse** $5{,}977 \times 10^{24}$ kg
- **Dichte** (Wasser = 1) 5,52
- **Temperatur an der Oberfläche** –70 °C bis +55 °C
- **Anzahl der Monde** 1

# Merkur

Der Merkur wurde nach dem römischen Götterboten und Gott des Handels benannt. Als sonnennächster Planet umrundet er das Zentralgestirn in nur 88 Erdentagen. Obgleich er das Sonnenlicht stark reflektiert und dadurch ein sehr helles Objekt ist, fällt er aufgrund seiner Nähe zur Sonne kaum auf. Kurz vor Sonnenaufgang und kurz nach Sonnenuntergang befindet er sich dicht am Horizont und ist deshalb nur als Morgen- oder Abendstern sichtbar. Wie die Venus (S.20) hat auch der Merkur Phasen. Auf seiner Sonnenseite herrschen Temperaturen von bis zu 470 °C, während die Schattenseite bis auf ca. –180 °C abkühlt. Damit weist der Merkur von allen Planeten die größten Temperaturschwankungen auf. Die enorme Anziehungskraft der relativ nahen Sonne verhindert, daß sich um den Merkur eine Atmosphäre aufbauen kann, die die extremen Temperaturschwankungen mildern würde.

**DAS ANTLITZ DES MERKUR**
Von den vielen Versuchen, den Merkur abzubilden, sind die Karten des Franzosen Eugène Antoniadi (1870–1944) am bekanntesten. Sie zeigen breite Täler und ausgedehnte Wüsten. Nahaufnahmen aus der Raumsonde *Mariner 10* (unten) gaben später Aufschluß über die tatsächliche Oberflächenstruktur.

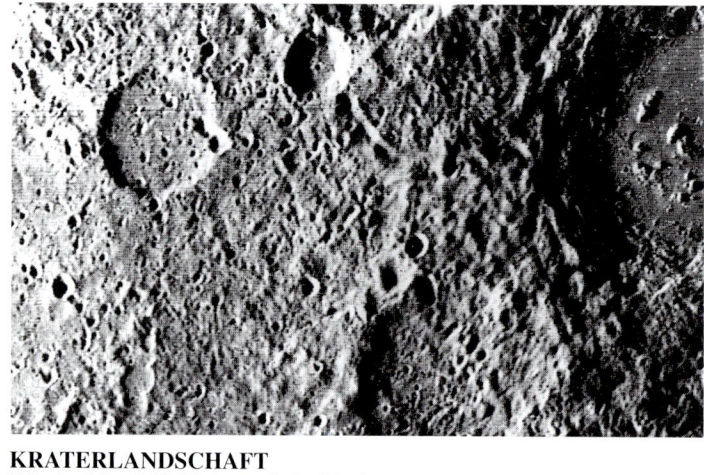

**KRATERLANDSCHAFT**
Wie der Mond (S.40) ist auch der Merkur von Meteoritenkratern übersät. Die konzentrischen Erhebungen um die Krater zeigen, wie sich die Oberfläche bei den Einschlägen verformte. Da der Merkur keine Atmosphäre hat und somit keine Verwitterung möglich ist, blieb seine Oberfläche unverändert.

**URSACHE UND WIRKUNG**
Einige der Formationen des Merkur gehen auf den Einschlag eines riesigen Meteoriten (S.59) zurück. Von dessen Aufprallort, dem Caloris-Becken, pflanzten sich seismische Wellen durch den halbflüssigen Eisenkern des Planeten fort. Dadurch brach auf der gegenüberliegenden Seite die Kruste, und es entstanden Berge.

**BILDER VOM MERKUR**
1973 wurde *Mariner 10* in eine Umlaufbahn um die Sonne gebracht. Die Raumsonde funkte bei drei Vorbeiflügen am Merkur Bilder zur Erde, bevor ihre Kameras ausfielen.

**NAHAUFNAHMEN**
Dieses Mosaikbild entstand aus Einzelaufnahmen, die die Raumsonde *Mariner 10* bei ihrem Vorbeiflug am Merkur 1974 zur Erde funkte. Offenbar ist der Merkur seit seiner Entstehung stark geschrumpft. Dadurch bildeten sich langgestreckte Steilhänge, wie sie auf keinem anderen Planeten vorkommen. Die Messungen der Raumsonde ergaben ferner, daß der Merkur ein Magnetfeld hat, dessen Stärke allerdings nur etwa 1% des Erdmagnetfelds erreicht.

### GROSSE UNTERSCHIEDE
Diese Würfel aus Holz, Aluminium und Eisen haben das gleiche Volumen, nehmen also gleich viel Raum ein. Aufgrund ihrer unterschiedlichen Dichte haben sie jedoch unterschiedliche Massen und wiegen auch nicht gleich viel. Ähnlich ist es bei den Planeten. Merkur hat als zweitkleinster Planet des Sonnensystems eine weit höhere Dichte als die großen äußeren Planeten.

*Holz*  *Aluminium*  *Eisen*

# Volumen und Masse

Massen und Volumina von Körpern auf der Erde können wir direkt ermitteln. Einen Eindruck vom Volumen eines Planeten gewinnt man durch vergleichende Beobachtung. Seine Masse dagegen ist schwieriger herauszufinden. Anhaltspunkte liefern seine Gravitationswirkung auf andere Körper, Materialproben und von Raumsonden (S. 34–35) aufgezeichnete Daten.

### EISERNES HERZ
Der Merkur ist wenig größer als unser Mond, seine Masse dagegen ist viermal so groß. Damit ist seine Dichte kaum geringer als die der Erde. Als Ursache vermutet man einen hohen Gehalt an Eisen, das im Kern (der ca. 80% des Durchmessers ausmacht) konzentriert ist. Die Entdeckung des Magnetfelds des Merkur bestätigte diese Annahme. Ein Objekt von der Dichte des Saturn (S. 52–53) schwimmt auf Wasser, während der Merkur mit seiner siebenmal höheren Dichte untergeht (links).

*Saturn*  *Merkur*

### KLEINE MASSE, GROSSE MASSE
Die Masse eines Körpers ist ein Maß dafür, wieviel Materie er enthält. Vergleicht man mit einer Balkenwaage (oben) die Massen zweier gleich großer Körper aus Holz und Eisen, stellt man fest, daß der Eisenkörper die größere Masse hat. Wenn man die Masse durch das Volumen dividiert, erhält man die Dichte des betreffenden Körpers, die meist in Gramm pro Kubikzentimeter ($g/cm^3$) angegeben wird.

### VERKEHRTE WELT?
Die Anziehungskraft zwischen Erde und Mond hat diesen auf eine Umlaufbahn gezwungen, wobei er ihr stets dieselbe Seite zuwendet (S. 40). Damit entspricht seine Rotationsdauer seiner Umlaufdauer um die Erde (ein Monat). Der Merkur mit seiner ovalen Gestalt dreht sich pro Umlauf um die Sonne eineinhalbmal um die eigene Achse. Ein Merkurjahr (88 Erdentage) ist deshalb nur halb so lang wie ein Merkurtag (176 Erdentage).

*Mond*  *Erde*  *Merkur*  *Sonne*

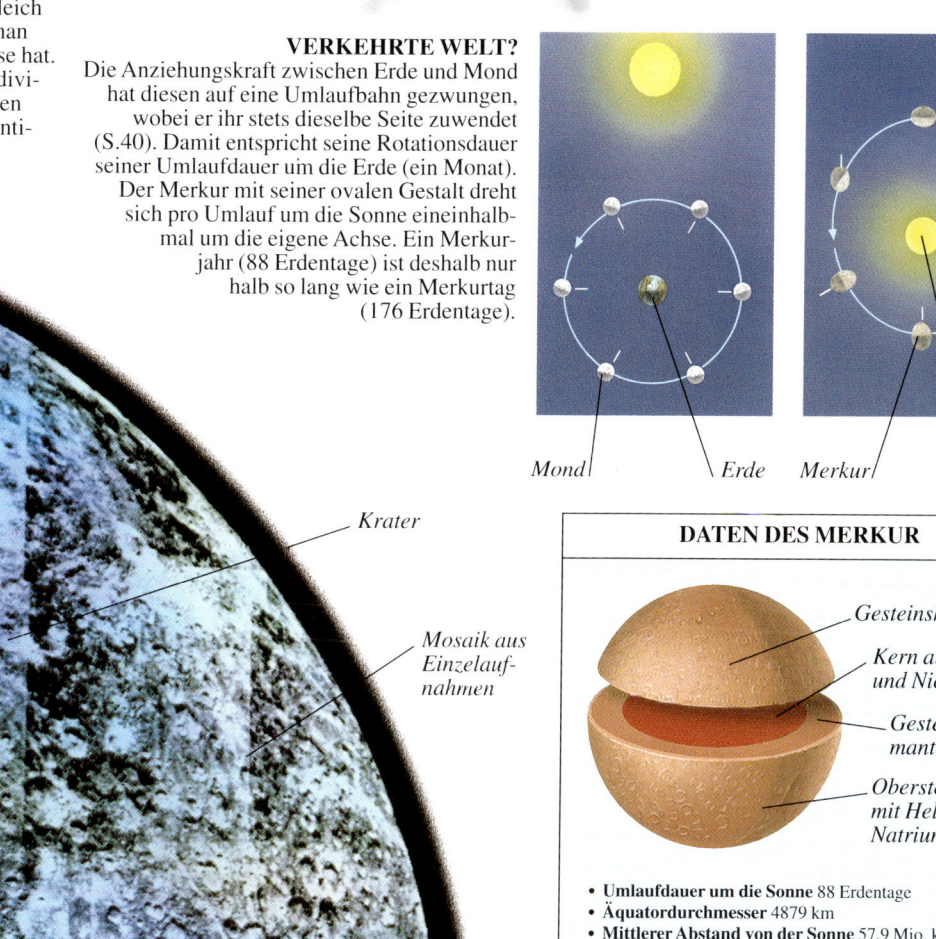

*Krater*

*Mosaik aus Einzelaufnahmen*

### DATEN DES MERKUR

*Gesteinskruste*
*Kern aus Eisen und Nickel*
*Gesteinsmantel*
*Oberste Schicht mit Helium und Natrium*

- **Umlaufdauer um die Sonne** 88 Erdentage
- **Äquatordurchmesser** 4879 km
- **Mittlerer Abstand von der Sonne** 57,9 Mio. km
- **Rotationsdauer** 58,6 Erdentage
- **Volumen** (Erde = 1) 0,056
- **Masse** (Erde = 1) 0,055
- **Dichte** (Wasser = 1) 5,43
- **Temperatur an der Oberfläche** –180 °C bis +430 °C
- **Anzahl der Monde** 0

# Venus

Unerfahrene Beobachter halten die Venus oft für einen Fixstern. Nach dem Mond ist sie das hellste Objekt am Nachthimmel. Da die Venus nur wenig kleiner ist als die Erde, glaubte man lange, sie müsse dieser auch in anderer Hinsicht ähneln. Von Raumsonden gelieferte Daten belegen, daß dem nicht so ist. Die dichte, wolkenreiche Atmosphäre der Venus verhindert jeden Blick auf ihre Oberfläche. Daß diese vulkanische Hoch- und Tiefebenen aufweist, ließ sich nur mit Hilfe von Radarstrahlen feststellen, und erst dann konnte man auch ermitteln, wie lang ein Venustag ist. Für irdisches Leben wäre die hauptsächlich aus Kohlendioxid und Schwefelsäure bestehende Atmosphäre äußerst giftig. Außerdem speichert sie die Energie der Sonnenstrahlung so stark, daß an der Venusoberfläche extreme Temperaturen herrschen. Die Astronomen des Altertums empfanden die Venus als besonders schönen Himmelskörper und benannten sie daher nach der Göttin der Liebe. Fast alle Besonderheiten der Venusoberfläche erhielten die Namen klassischer Göttinnen oder berühmter Frauen, beispielsweise Pavlova, Sappho oder Phoebe.

### STRAHLENDE SCHÖNHEIT
Das Foto oben wurde von der Erde aus aufgenommen. Es zeigt oben links neben dem abnehmenden Mond die Venus. Aufgrund seiner ungewöhnlichen Helligkeit machte man sich lange Zeit eine idealisierte Vorstellung von diesem Planeten.

### ANHALTSPUNKTE
Die Entfernung der Erde von der Sonne kann man z.B. ermitteln, indem man die Zeit des Durchgangs eines Planeten vor der Sonne bestimmt. Den englischen Forschungsreisenden James Cook (links, 1728–1779) führte eine seiner Expeditionen 1769 nach Tahiti; von dort aus beobachtete er die Sonnenpassage der Venus.

### DATEN DER VENUS

- *Eisenkern*
- *Gesteinsmantel*
- *Wolken: Schwefelsäure*
- *Atmosphäre: Kohlendioxid*

- **Umlaufdauer um die Sonne** 224,7 Erdentage
- **Äquatordurchmesser** 12.100 km
- **Mittlerer Abstand von der Sonne** 108 Mio. km
- **Rotationsdauer** 243,2 Erdentage
- **Volumen** (Erde = 1) 0,86
- **Masse** (Erde = 1) 0,815
- **Dichte** (Wasser = 1) 5,25
- **Temperatur an der Oberfläche** 465 °C
- **Anzahl der Monde** 0

*Blaufärbung durch Filter*

*Dichte Wolkendecke*

### HINTER DEM SCHLEIER
1978 starteten die USA die Raumsonde *Pioneer*. Sie tastete die Venusoberfläche mit Radarstrahlen ab, die die dichte Atmosphäre durchdringen können. Anhand der Daten wurde eine Venuskarte erstellt. 1989 folgte die Sonde *Magellan*, die die Venus alle 3 h 9 min einmal umkreist. Mit ihrer 3,7-m-Antenne funkt sie Radarbilder zur Erde. Das Bild rechts wurde mit einem Blaufilter aufgenommen, damit die Wolkenschichten besser zu erkennen sind. Auch mit dem Radioteleskop von Arecibo (S.32) erforscht man die Venusoberfläche.

## DIE GROSSE UNBEKANNTE

Der Russe Michail Lomonossow (S.28) vermutete bereits im 18.Jh., die Venus sei von dichten Wolken umgeben. Noch 1955 nahm der englische Astronom Fred Hoyle (rechts, geb. 1915) an, die Wolken bestünden aus Öltröpfchen und auf der Venus gäbe es Ölmeere.

## PANNEN IM WELTRAUM

In den 60er und 70er Jahren sandte die UdSSR eine Reihe von Sonden namens *Venera* zur Venus, um deren Oberfläche näher zu erforschen. Einige stellten beim Eintritt in die Venusatmosphäre ihre Funktion ein. Bei späteren Versuchen wurde der Grund dafür klar: Der Atmosphärendruck ist auf der Venus 90mal höher als auf der Erde; zudem reagiert die bis zu 465 °C heiße Atmosphäre stark sauer.

*Reflektiertes Sonnenlicht* — *Kohlendioxid absorbiert Infrarotstrahlung.* — *Schwefelsäurehaltige Schicht*

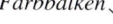
*Farbbalken*

*Sägezahnrand des Raumfahrzeugs*

## HEISS WIE DIE HÖLLE

Der hohe Kohlendioxidanteil in der Venusatmosphäre läßt zwar Sonnenlicht eindringen, absorbiert es dann aber, so daß an der Planetenoberfläche Temperaturen bis 465 °C herrschen. Es handelt sich um eine extreme Ausprägung des Treibhauseffekts, der auch in der Erdatmosphäre auftritt.

*Vulkanische Aktivität* — *Infrarote Strahlung*

## LANDUNG GEGLÜCKT!

Dieses Bild zeigt die Venuslandung der sowjetischen Sonde *Venera 13* (1982). Unten links erkennt man einen Teil der Sonde und daneben einen Balken mit Testfarben. Die öde Landschaft besteht aus vulkanischem Gestein. Wegen der enormen Hitze schmolz die Sonde schon nach gut einer Stunde.

*Vulkan Sif Mons* — *Vulkan Gula Mons* — *Lavaströme*

## VENUSLANDSCHAFT

Dieses von der Sonde *Magellan* zur Erde übermittelte Bild zeigt Lavaströme (hellere Flächen), die die Oberfläche überziehen und allmählich glätten. Der größte Teil der Venusoberfläche ist mit flachen Kratern übersät. Die Farben dieses Bildes wurden den von den *Venera*-Sonden aufgenommenen angeglichen.

# Mars

Blutrot steht der Mars, den Babylonier, Griechen und Römer nach ihrem Kriegsgott benannten, am Nachthimmel. Er ist wesentlich kleiner als die Erde und ähnelt ihr dennoch in mancherlei Hinsicht: Sein Tag dauert etwa 24 Stunden, er hat eisbedeckte Polkappen und eine Atmosphäre. Daher vermutete man lange Zeit außerirdisches Leben auf diesem Planeten. Heute weiß man, daß unter den Bedingungen, die auf dem Mars herrschen, wohl kaum Leben möglich wäre. Seine dünne Atmosphäre läßt die lebensfeindliche Ultraviolettstrahlung bis zum Boden durch. Und da der Mars weiter von der Sonne entfernt ist als die Erde, ist er deutlich kälter.

### MARSZEICHNUNGEN
1659 zeichnete der holländische Astronom Christiaan Huygens (1629–1695) die erste Marskarte (oben). Er erkannte auf der Marsoberfläche eine V-förmige Formation (die Große Syrte), die alle 24 h ins Blickfeld kam. Daraus schloß er, daß sich der Mars in dieser Zeit einmal um seine Achse dreht. Marskarten erstellte auch der amerikanische Astronom Percival Lowell (1855–1916); sie zeigen die von Schiaparelli (unten) beschriebenen Marskanäle, die sich später als Abbildungsfehler des Teleskops herausstellten.

*Arabia-Gebiet*

### DIE „MARSKANÄLE"
Der Italiener Giovanni Schiaparelli (1835–1910) untersuchte mit dem Teleskop die Marsoberfläche. Dabei fielen ihm dunkle Linien auf, die eine Art Netz bildeten. Diese Beobachtung gab Anlaß zu allerlei Spekulationen. Man vermutete, es handele sich um künstliche Wasserwege einer außerirdischen Zivilisation. Die „Kanäle" erwiesen sich jedoch als optische Täuschung. Die ersten genauen Marskarten fertigte Eugène Antoniadi (S. 44) an.

*Eisklippe*

*Eiskappe*

### RUND UM DEN MARS
Die Atmosphäre des Mars ist weit dünner als die der Erde und besteht vor allem aus Kohlendioxid. Leichtere Gase enthält sie nicht, weil diese aufgrund der geringen Anziehungskraft des Planeten entweichen konnten (S. 36–37). Die Raumsonde *Viking 2* registrierte einen geringen Anteil Wasserdampf. Zudem fand man auf der Marsoberfläche große Eisfelder und -berge (rechts). Aufnahmen der Raumsonde *Mariner 9* zeigen in der Chryse-Region gewundene Täler, möglicherweise ausgetrocknete Flußläufe. Auf dem Mars gibt es auch Wüsten, Canyons, polare Eiskappen und Vulkane. Der Marsvulkan Olympus Mons gilt als der größte Vulkan im ganzen Sonnensystem.

### POLEIS
Praktisch alles Wasser auf dem Mars ist in den gefrorenen Polkappen zu finden, die im Teleskop weiß erscheinen. Sie sind bis zu 3,5 km dick und bestehen aus Wassereis und gefrorenem Kohlendioxid. Wie bei den Polkappen der Erde ist ihre Größe jahreszeitlichen Schwankungen unterworfen.

Dieses am Computer nachbearbeitete Bild vom Mars entstand aus Aufnahmen der *Viking*-Raumsonden.

*"Arm" der Raumsonde Viking*

### ROTE STEINE
Die Marsoberfläche ist von Gesteinsbrocken übersät, die dick mit rötlichem Eisenoxid überzogen sind. Auf dem Bild links nimmt die *Viking*-Raumsonde eine Gesteinsprobe auf.

### GIBT ES LEBEN?
In den 70er Jahren erbrachten Untersuchungen mit Raumsonden keinerlei Hinweis auf Leben auf dem Mars.

### MARSMONDE
Der Amerikaner Asaph Hall (1829–1907) entdeckte 1877 die beiden Monde des Mars, vermutlich Asteroiden, die von der Schwerkraft des Planeten eingefangen wurden.

### WÜSTEN-LANDSCHAFT
Der Staub auf der wüstenähnlichen Marsoberfläche ist wegen seines Eisenoxid-Gehalts rot. Von starken Winden aufgewirbelt färbt er auch die Atmosphäre rötlich. Mit Hilfe der Bildbearbeitung kann man die von den Raumsonden gelieferten Aufnahmen farblich korrigieren, wobei Testfarben (S.47) zum Vergleich dienen.

*Montage einer Viking-Marssonde*

### ABSTURZ-GEFÄHRDET
Die Marsmonde Phobos (rechts) und Deimos haben 28 bzw. 16 km Durchmesser. Die Umlaufbahn von Phobos liegt nur ca. 9380 km über dem Marsmittelpunkt; es könnte daher sein, daß er irgendwann wegen der Bremswirkung der Atmosphäre auf den Mars herabstürzt.

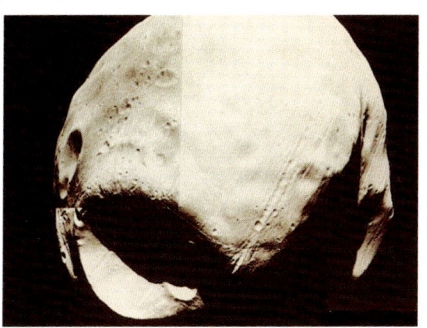

### MEERESTÄLER
Als „Valles Marineris" bezeichnet man ein Canyon-System, das etwa ein Drittel der äquatornahen Gebiete des Mars ausmacht. Geröll in den Schluchten deutet auf Erosion und Erdrutsche hin. Da die „Täler" in sich geschlossen und untereinander nicht verbunden sind, floß in ihnen wohl niemals Wasser. Der Mars hat keine beweglichen Kontinentalschollen (S.42–43), so daß sich die Landschaft nicht wesentlich verändert.

### DATEN DES MARS

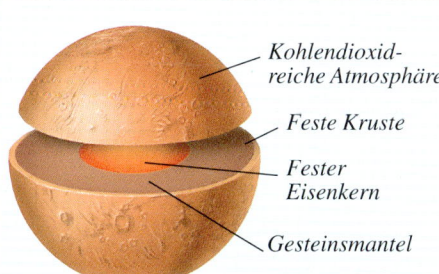

*Kohlendioxidreiche Atmosphäre*
*Feste Kruste*
*Fester Eisenkern*
*Gesteinsmantel*

- **Umlaufdauer um die Sonne** 687 Erdentage
- **Äquatordurchmesser** 6790 km
- **Mittlerer Abstand von der Sonne** 230 Mio. km
- **Rotationsdauer** 24 h 37 min
- **Volumen** (Erde = 1) 0,15
- **Masse** (Erde = 1) 0,11
- **Dichte** (Wasser = 1) 3,95
- **Temperatur an der Oberfläche** –120 °C bis +25 °C
- **Anzahl der Monde** 2

# Jupiter

Dieser sehr helle Planet ist der größte unseres Sonnensystems: Allein vier seiner Monde sind so groß wie mancher Planet. Jupiter unterscheidet sich in seinem Aufbau deutlich von den festen inneren Planeten. Er besteht größtenteils aus Gas, vor allem Wasserstoff und Helium. Unterhalb der ihn umgebenden Wolken ist der Druck extrem hoch; dadurch werden die Gase so stark komprimiert, daß sie nicht nur flüssig sind, sondern im Inneren des Planeten sogar metallische Struktur haben. Jupiter schrumpft pro Jahr um einige Millimeter und emittiert dabei mehr Wärmestrahlung, als er von der Sonne aufnimmt. Wäre Jupiter einige Male schwerer, als er tatsächlich ist, dann wäre sein Kern so dicht und heiß, daß Kernreaktionen wie in der Sonne (S.38) stattfinden könnten. Jupiter wäre dann kein Planet mehr, sondern ein Stern. Raumsonden brauchen für den Flug von der Erde zum Jupiter einige Jahre; sie müssen vor seiner intensiven Strahlung ausreichend geschützt werden. Taucht eine Sonde in Jupiters turbulente Atmosphäre ein, wird sie durch den enormen Druck deformiert.

### ENTDECKUNGEN
Anfang der 70er Jahre starteten die USA mehrere *Pioneer*-Sonden, die an Jupiter vorbeiflogen und Bilder zur Erde funkten. 1977 folgten zwei *Voyager*-Sonden. Sie sollten die Wolkenoberfläche und fünf der Monde erforschen. *Voyager 1* fand einen etwa 30 km dicken lichtschwachen Ring (auf dem Foto oben gelb), der den Saturnringen (S.53) ähnelt.

### WO IST DER FLECK?
Der Engländer Robert Hooke (1635–1702) bemerkte 1660 auf dem Jupiter einen großen Fleck. Gian Cassini (S.28) machte die gleiche Beobachtung, doch später fanden andere den Fleck nicht mehr. Erst 1878 wurde er von dem amerikanischen Astronomen Edward Barnard (1857–1923) erneut beobachtet.

Nordpolgebiet
Nördlicher gemäßigter Gürtel
Sturmsystem
Nördliche tropische Zone
Äquatoriale Zone
Äquatorialer Gürtel
Südliche tropische Zone
Südlicher gemäßigter Gürtel
Großer Roter Fleck
Südpolgebiet

### DATEN DES JUPITER

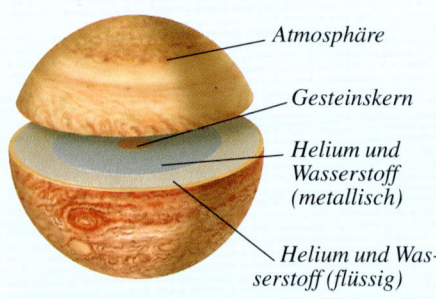

*Atmosphäre*
*Gesteinskern*
*Helium und Wasserstoff (metallisch)*
*Helium und Wasserstoff (flüssig)*

- **Umlaufdauer um die Sonne** 11,86 Erdenjahre
- **Äquatordurchmesser** 142.980 km
- **Mittlerer Abstand von der Sonne** 778 Mio. km
- **Rotationsdauer** 9 h 55 min
- **Volumen** (Erde = 1) 1319
- **Masse** (Erde = 1) 318
- **Dichte** (Wasser = 1) 1,33
- **Temperatur an der Wolkenobergrenze** –150 °C
- **Anzahl der Monde** 16

### STARK BEWÖLKT
Die äußere Wolkenschicht des Jupiter zeigt mehrere Bereiche unterschiedlicher Färbung. Die hellen nennt man Zonen, die dunkleren Gürtel. Am hellsten erscheint die nördliche tropische Zone; dort enthalten die Wolken große Mengen Ammoniak. Im äquatorialen Gürtel toben heftige Stürme. Bei den weißen und rötlichen Ovalen handelt es sich um atmosphärische Wirbel. Die braune und orangefarbene „Bänderung" weist auf das Vorhandensein organischer Verbindungen hin, z.B. Ethan.

**DER GROSSE ROTE FLECK**

Anders als die meisten „Flecken" auf der Oberfläche des Jupiter ist das als „Großer Roter Fleck" bezeichnete Sturmsystem eine dauerhafte Erscheinung. Erstmals 1660 gesichtet, wurde er 1878 „wiederentdeckt". Man nimmt deshalb an, daß seine Sichtbarkeit variiert. Der Große Rote Fleck ist elliptisch und derzeit etwa 24.000 km lang. Die Rotfärbung rührt wohl von Phosphor her, der aus tieferen Schichten hochgewirbelt wird.

## Jupiters Monde

Galilei (S.20) entdeckte 1610 die vier größten Jupitermonde (Io, Europa, Ganymed und Callisto). Aus der Beobachtung, daß diese ihre Position relativ zum Planeten jede Nacht ändern, zog Galilei den zutreffenden Schluß, daß sie ihn umrunden. Diese Erkenntnis bedeutete eine weitere Erschütterung des geozentrischen Systems (S.10), das die Erde in den Mittelpunkt des Universums stellt. 1892 wurde ein fünfter Jupitermond entdeckt; seine Umlaufbahn liegt dicht über den Wolken. Später fand man noch weitere elf Jupitersatelliten.

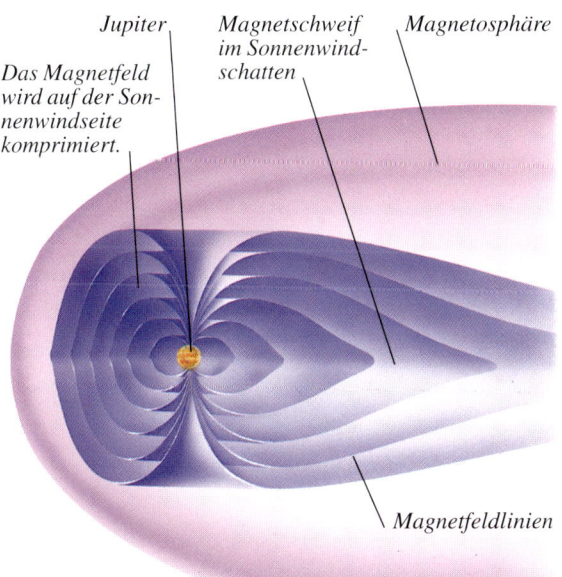

**MAGNETFELD MIT SCHWEIF**

Jupiter vollführt in nur knapp 10 h eine volle Umdrehung. Daher ist er am Äquator ausgebaucht. Aufgrund der schnellen Rotation erzeugt sein metallischer Wasserstoffkern ein starkes Magnetfeld um den Planeten. Dieses wird vom Sonnenwind komprimiert; sein langer Schweif ist von der Sonne abgewandt.

**SCHMUTZIGE EISKUGEL**

Callisto, Jupiters zweitgrößter Mond, ist ungewöhnlich stark mit Kratern übersät. Seine Oberfläche besteht aus gefrorenem Schlamm und Eis. Die hellen Stellen auf dem Bild oben sind die vereisten Kraterböden.

**GEOLOGISCH AKTIV**

Der Jupitermond Io, einer der Galilei-Monde, ist dem Planeten am nächsten. Man hat auf Io mehrere aktive Vulkane entdeckt. Auf dem Bild oben (von der Raumsonde *Voyager* aus 500.000 km Entfernung aufgenommen) ist am Horizont die Rauchfahne eines Vulkanausbruchs zu erkennen, bei dem schwefelhaltiges Material 300 km emporgeschleudert wird.

# Saturn

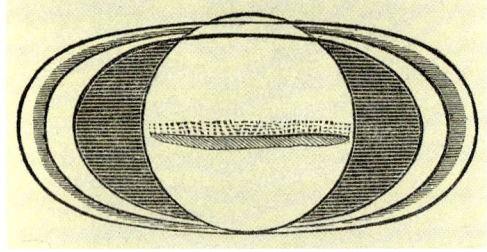

**GETEILTER RING**
Gian Domenico Cassini (S.50), der Direktor des Pariser Observatoriums, entdeckte 1675, daß der Ring des Saturn zweigeteilt ist: Ein dunkler Streifen trennt ihn in einen inneren und einen äußeren Ring. Die Zeichnung oben, 1676 von Cassini angefertigt, zeigt die heute nach ihm benannte Cassini-Teilung.

Der riesige Planet Saturn mit seinen flachen Ringen ist der wohl bekannteste Himmelskörper. Im Altertum galt er als der am weitesten entfernte Planet. Man benannte ihn nach dem Urvater aller Götter. Schon früh erkannten die Astronomen seine 29jährige Periode und nahmen an, er bewege sich nur träge. Er besteht vor allem aus Wasserstoff und ähnelt in seiner Struktur dem Jupiter. Seine Dichte ist jedoch noch geringer; er könnte sogar auf Wasser schwimmen (S.45). Wie der Jupiter rotiert er sehr schnell um seine Achse, so daß er am Äquator ausgebaucht ist. Außerdem weist er ein starkes Magnetfeld auf. Die Winde in seiner oberen Atmosphäre erreichen Geschwindigkeiten von 1800 km/h. Bisher wurde jedoch nur ein einziges großes Sturmsystem entdeckt, der nach der Raumfahrtwissenschaftlerin Anne Bunker benannte Anne-Fleck.

**ERKENNUNGSZEICHEN: RINGE**
Die Ringe um den Saturn wirken weitgehend einheitlich. Doch bewiesen die Bilder der *Voyager*-Raumsonden, daß sie aus unterschiedlich großen Eisbrocken bestehen. Deren gute Reflexion erklärt die Helligkeit des Saturn. Das aus Tausenden schmaler Einzelringe bestehende Ringsystem hat einen Durchmesser von rund 272.000 km.

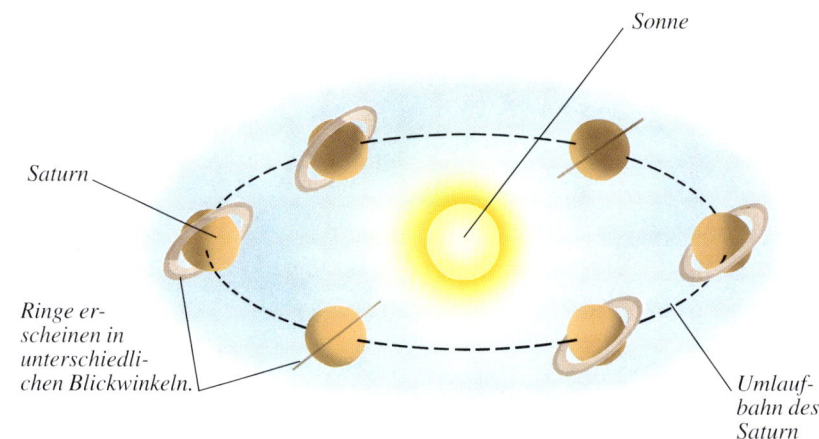

**EINE FRAGE DER PERSPEKTIVE**
Die Achse des Saturn ist gegen die Ebene seiner Umlaufbahn geneigt, und die Ringe liegen in seiner Äquatorebene. Daher erscheinen sie unter verschiedenen Winkeln, je nachdem, wie weit das Saturnjahr (29,5 Erdenjahre) fortgeschritten ist. Unter welchem Winkel man sie von der Erde aus sieht, hängt außerdem noch davon ab, wo sich diese in ihrer Umlaufbahn gerade befindet. Blicken wir auf die Kante der Ringe, wirkt Saturn wie ein Dreifachplanet, so wie Galilei ihn 1612 beschrieb.

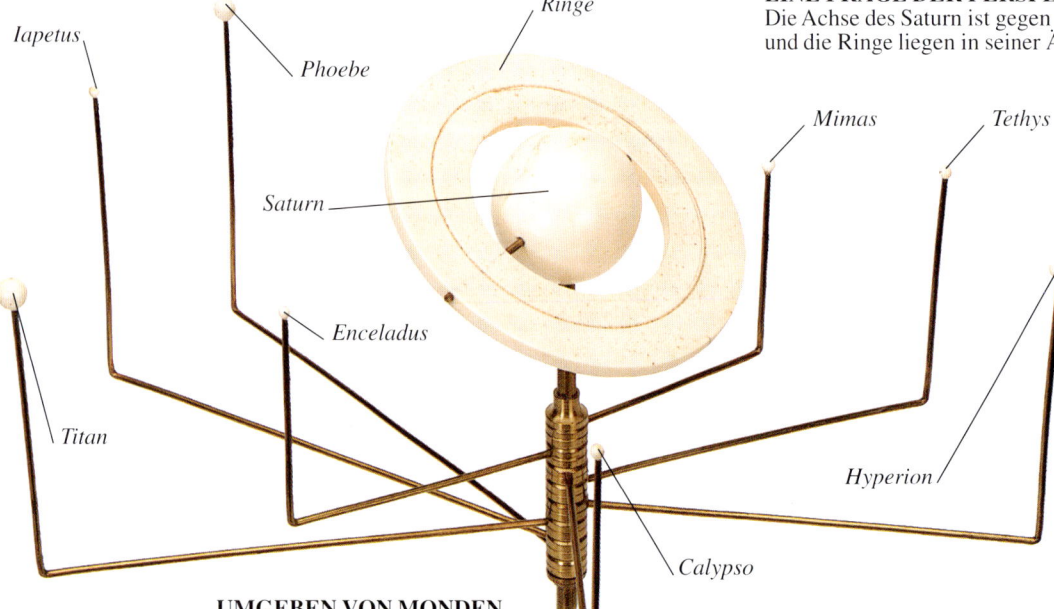

**UMGEBEN VON MONDEN**
Mit Planetarien kann man die Bewegungen der Himmelskörper veranschaulichen. Dieses Modell zeigt (in Entfernungen und Größen jedoch nicht maßstäblich) den Saturn mit seinen Ringen und den acht im 19.Jh. bekannten Monden.

**WETTERGESCHEHEN**
Dieses Bild wurde 1981 aus 7 Mio. km Entfernung von der Raumsonde *Voyager 2* aufgenommen. Es zeigt Sturmwirbel und weiße Flecken auf der Nordhalbkugel des Saturn.

### DER MEISTER IRRT

Als Galilei 1610 den Saturn beobachtete, erkannte er die Ringe nicht als solche, sondern nahm an, es handele sich um einen Dreifachplaneten. Erst 1665 konnte der holländische Wissenschaftler Christiaan Huygens (links, 1629–1695) die Ringe identifizieren.

*Schatten der Ringe auf der Saturnoberfläche*

*Cassini-Teilung*

*Ring B*

### RINGE IN HÜLLE UND FÜLLE

Als Galilei 1612 den Saturn erneut beobachtete, waren die Erscheinungen, die er 1610 für zwei weitere Planeten gehalten hatte, verschwunden. 1616 sah er sie wieder, aber flacher als zuvor. Galilei hatte die Saturnringe gesehen, jeweils aus einem anderen Winkel (S.52). Von der Erde aus sind drei Ringgruppen zu erkennen. Ring A erstreckt sich teilweise über die Umlaufbahnen der inneren Monde. Ring B (Mitte) wird von Linien gekreuzt, die wie die Speichen eines Rades verlaufen und wohl aus Staubteilchen bestehen. 1979 nahm die Sonde *Pioneer* den äußersten Ring F auf, der aufgrund der Anziehungskraft der Monde wie geflochten wirkt.

### SATURNS BEGLEITER

Alle Saturnmonde außer Titan, dem größten, bestehen aus Eis. Enceladus ist relativ klein (Durchmesser 500 km) und weist Anzeichen von Veränderungen in jüngerer Zeit auf. Er ist teils stark verkratert, an anderen Stellen jedoch nahezu kraterfrei, als wäre dort die Eisrinde geschmolzen. Das Bild oben wurde aus 119.000 km Entfernung aufgenommen.

*Titan*

### DATEN DES SATURN

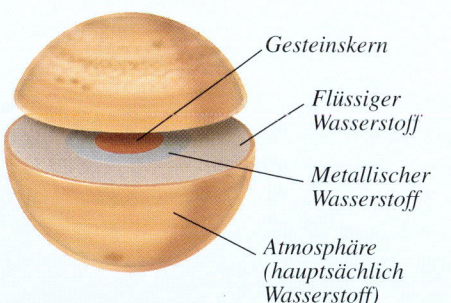

*Gesteinskern*

*Flüssiger Wasserstoff*

*Metallischer Wasserstoff*

*Atmosphäre (hauptsächlich Wasserstoff)*

- **Umlaufdauer um die Sonne** 29,5 Erdenjahre
- **Äquatordurchmesser** 120.540 km
- **Mittlerer Abstand von der Sonne** 1.430 Mio. km
- **Rotationsdauer** 10 h 40 min
- **Volumen** (Erde = 1) 744
- **Masse** (Erde = 1) 95,18
- **Dichte** (Wasser = 1) 0,69
- **Temperatur an der Wolkenobergrenze** –180 °C
- **Anzahl der Monde** 23

*Ring A*

*Flüssiger Wasserstoff*

# Uranus

Uranus ist der erste Planet, der nach der Erfindung des Teleskops entdeckt wurde. Schon zuvor vermutete man die Existenz weiterer Planeten, und zwar aufgrund der Titius-Bode-Reihe, die die mittleren Abstände der Planeten von der Sonne angibt. Sie wurde von den deutschen Wissenschaftlern Johann Titius (1729–1796) und Johann Bode (1747–1826) aufgestellt. Die Entdeckung des Uranus geht auf genaue Messungen zurück, die Wilhelm Herschel in Bath/Südengland mit seinem 2,1-m-Spiegelteleskop an den größeren Sternen vornahm. 1781 bemerkte er ein ungewöhnlich helles Objekt im Sternbild Zwillinge. Zunächst vermutete er einen Nebel (S.60–61), dann einen Kometen (S.58–59), doch beidem widersprach die Bewegung dieses Himmelskörpers. Den Namen Uranus (in der Mythologie der Vater des Saturn) schlug Johann Bode vor.

**FORSCHERDRANG**
Als Herschel (S.24) einen Artikel über die Konstruktion von Teleskopen las, war er sofort fasziniert. 1773 war sein selbstgebautes Teleskop fertig. So kam er zur Astronomie, die seine lebenslange Passion wurde.

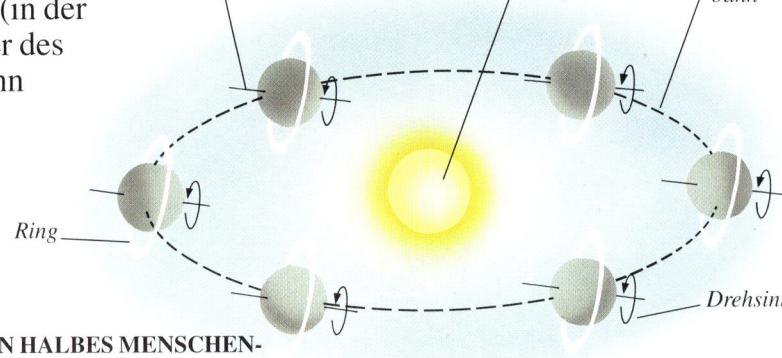

**EIN HALBES MENSCHENLEBEN SOMMER**
Die Rotationsachse des Uranus ist um 98° gegen die Ebene seiner Umlaufbahn um die Sonne geneigt. Er rotiert daher, anders als alle anderen Planeten, auf der Seite (sozusagen „liegend"). Dadurch wird jeder der Pole ein halbes Uranusjahr (also 42 Erdenjahre) lang von der Sonne beschienen und liegt danach ebenso lange im Schatten. Die ungewöhnliche Richtung der Achse kann durch eine Kollision mit einem anderen Himmelskörper entstanden sein.

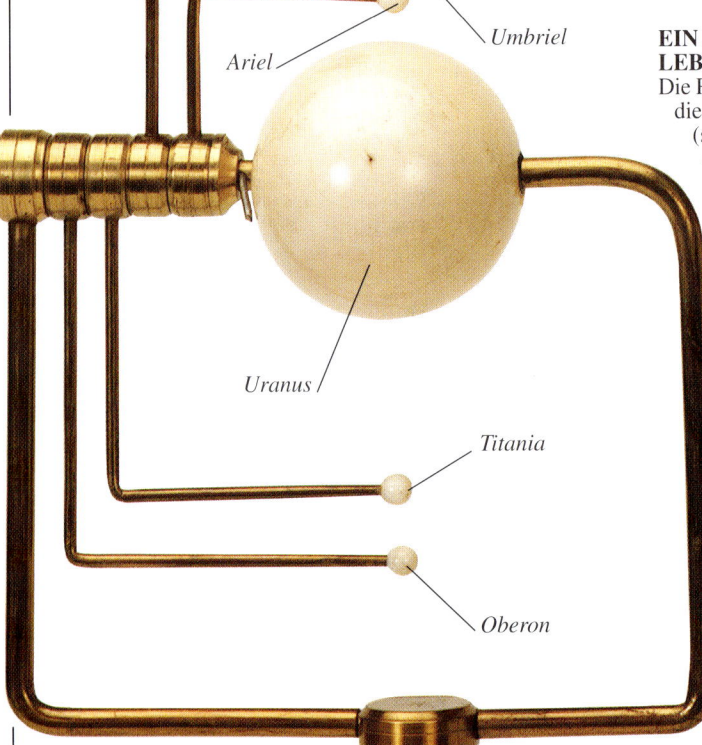

**VIER PLUS ELF**
Die Umlaufbahnen der Uranusmonde sind, wie die Rotationsachse des Planeten selbst, um 98° gegen die Ebene der Umlaufbahn um die Sonne geneigt. Sie kreisen also in der Äquatorebene des Planeten. Das Modell oben (19.Jh.) zeigt Uranus mit vier Monden. Die anderen elf wurden erst nach 1900 entdeckt.

**GASRIESE**
Uranus gehört zu den großen Gasplaneten im Sonnensystem. Nur seine oberste Wolkenschicht kann beobachtet werden. Sie ist weitgehend unstrukturiert, anders als bei Jupiter oder Saturn. Die beiden Abbildungen zeigen die tatsächlichen Farben (linkes Bild) und Falschfarben (rechtes Bild).

### BEDECKUNG
Eine Bedeckung liegt vor, wenn sich ein Himmelskörper vor einem anderen befindet. Ein Astronomenteam beobachtete 1977 aus einem Flugzeugobservatorium über dem Indischen Ozean die Bedeckung eines Sterns durch Uranus und entdeckte dessen schwache Ringe.

### KLANGVOLLE NAMEN
Die Uranusmonde sind nach Figuren aus der Literatur benannt (z.B. Ariel und Miranda in Shakespeares *Sturm*). Den Mond Miranda entdeckte 1948 der amerikanische Astronom Gerard P. Kuiper. Seine Landschaft ist im Sonnensystem einzigartig; sie scheint aus durcheinandergewirbelten Gesteinsblöcken zu bestehen. Man vermutet, daß Miranda heftigen Einschlägen ausgesetzt war, die ihn buchstäblich sprengten, und daß die Bruchstücke sich aufgrund der Gravitation wieder zu dem heutigen Gebilde aus Fels- und Eisbrocken zusammenfügten.

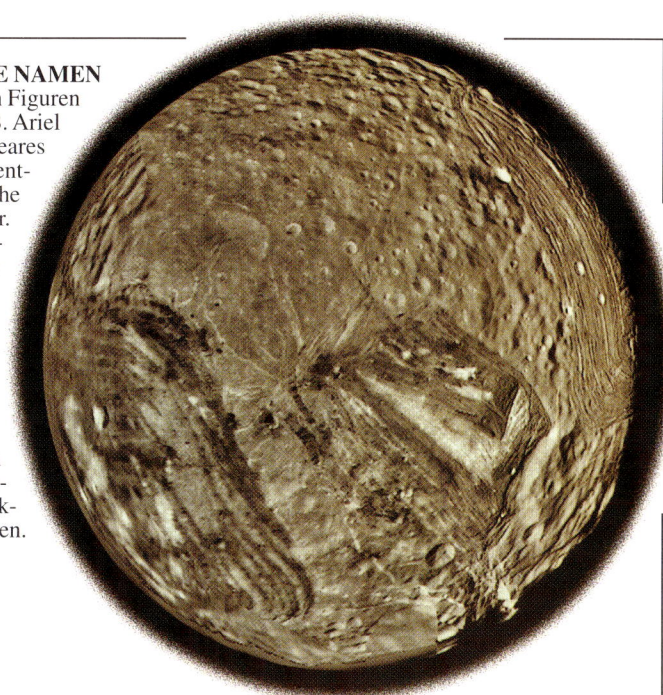

### BERINGTER PLANET
Bei den Messungen 1977 stellte man fest, daß der vom Uranus verdeckte Stern zu Beginn und am Ende der Bedeckung mehrmals blinkte. Daraus schloß man, daß Uranus ein schwach ausgebildetes Ringsystem hat, das das Sternenlicht abwechselnd sperrt und durchläßt. Aufnahmen von *Voyager 2* beim Vorbeiflug am Uranus bestätigten dies 1986. Die Uranusringe sind schmal und dunkel. Die breiten Staubstreifen zwischen ihnen deuten darauf hin, daß die Ringe allmählich zerfallen.

### MOND FÜR MOND
1789 entdeckte Wilhelm Herschel die beiden größten Uranusmonde, Oberon und Titania (rechts), benannt nach Figuren aus Shakespeares *Sommernachtstraum*. Der englische Astronom William Lassell (1799–1880) entdeckte 1851 Ariel und Umbriel. 1948 kam Miranda dazu, und die *Voyager 2* fand 1986 acht weitere Monde.

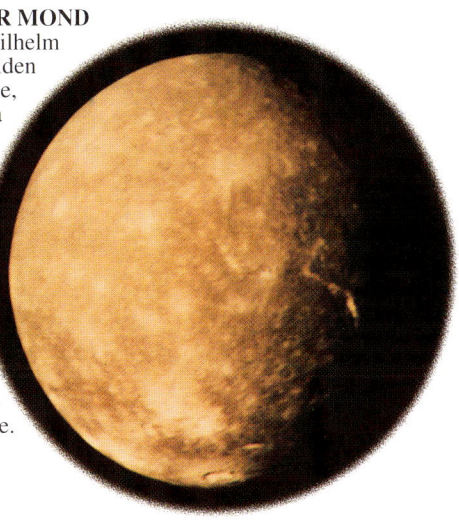

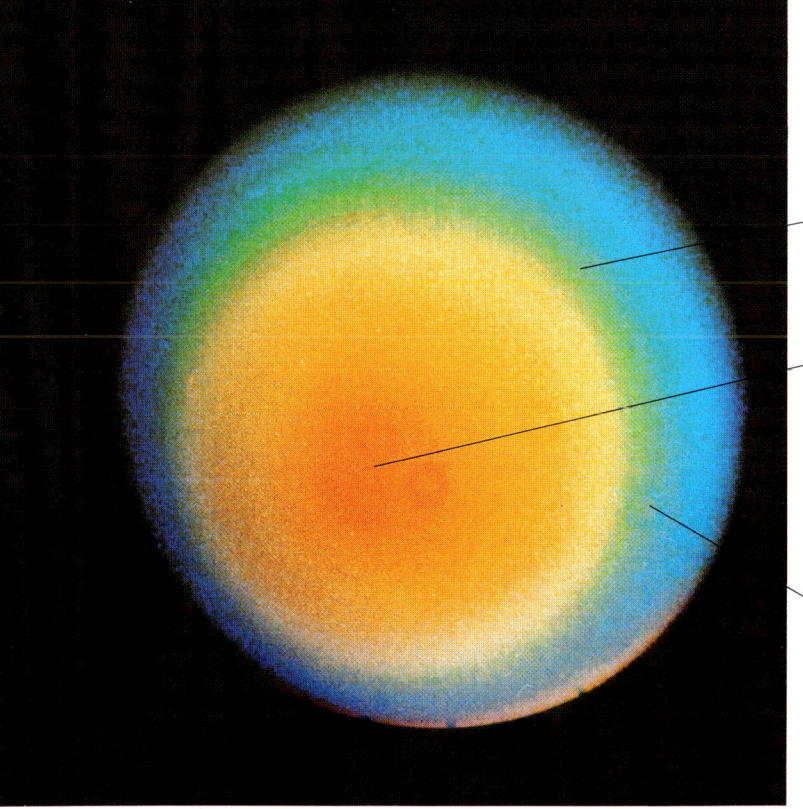

*Die Farbe zeigt, wie der Dunst die Atmosphäre beeinflußt.*

*Polargebiet*

*Wiedergabefehler*

### DATEN DES URANUS

*Wasserstoffreiche Atmosphäre*

*Gesteinskern*

*Wasser, Ammoniak und Methan*

- **Umlaufdauer um die Sonne** 84 Erdenjahre
- **Äquatordurchmesser** 51.120 km
- **Mittlerer Abstand von der Sonne** 2870 Mio. km
- **Rotationsdauer** 17 h 14 min
- **Volumen** (Erde = 1) 67
- **Masse** (Erde = 1) 14,5
- **Dichte** (Wasser = 1) 1,29
- **Temperatur an der Wolkenobergrenze** –210 °C
- **Anzahl der Monde** 15

# Neptun und Pluto

**WER SUCHET ...**
Urbain Le Verrier (1811–1877) lehrte Chemie und Astronomie am Pariser Polytechnikum. Nachdem er die Position des Neptun berechnet hatte, überließ er die eigentliche Suche anderen.

Diese beiden Planeten wurden eher aufgrund von Berechnungen als durch Beobachtung entdeckt. Allerdings stellte sich später heraus, daß die für Pluto berechneten Werte nur zufällig mit seiner tatsächlichen Position übereinstimmten. Anfang des 19. Jahrhunderts bemerkten die Astronomen einige Unregelmäßigkeiten in der Umlaufbahn des Uranus: Irgend etwas schien ihn aus seiner Bahn abzulenken. Eine solche „Störung" kann nur auf der Gravitationskraft eines anderen Himmelskörpers beruhen. 1845 gab der englische Astronom John Couch Adams (1819–1892) bekannt, er habe die wahrscheinliche Position eines weiteren Planeten jenseits des Uranus errechnet, der damals gerade das Sternbild Wassermann passierte. Seine Befunde wurden jedoch ignoriert. Im Juni 1846 publizierte der Franzose Urbain Le Verrier seine eigenen Erkenntnisse über die Existenz eines Planeten jenseits des Uranus und rief in Astronomenkreisen zur Suche nach diesem Himmelskörper auf. Bereits am 25. September 1846 bestätigte Johann Galle (1812–1910) vom Berliner Observatorium die Entdeckung des achten Planeten: Neptun. Er ist zu lichtschwach, um ohne Fernrohr sichtbar zu sein.

**NEPTUNS RINGE**
Wie die großen Gasplaneten hat auch Neptun ein Ringsystem. Entdeckt wurde es im Juli 1984 während einer Sternbedeckung (S.55). Aufgrund der Beobachtungen vermutete man zwei Hauptringe und zwei knapp 15 km breite, schwächere innere Ringe. Dies wurde durch Bilder bestätigt, die *Voyager 2* im Jahre 1989 zur Erde funkte.

**DATEN DES NEPTUN**

*Wasserstoffreiche Atmosphäre*
*Kleiner Gesteinskern*
*Wasser, Ammoniak und Methan*

- Umlaufdauer um die Sonne 164,79 Erdenjahre
- Äquatordurchmesser 49.530 km
- Mittlerer Abstand von der Sonne 4450 Mio. km
- Rotationsdauer 16 h 7 min
- Volumen (Erde = 1) 57
- Masse (Erde = 1) 17,14
- Dichte (Wasser = 1) 1,64
- Temperatur an der Wolkenobergrenze –210 °C
- Anzahl der Monde 8

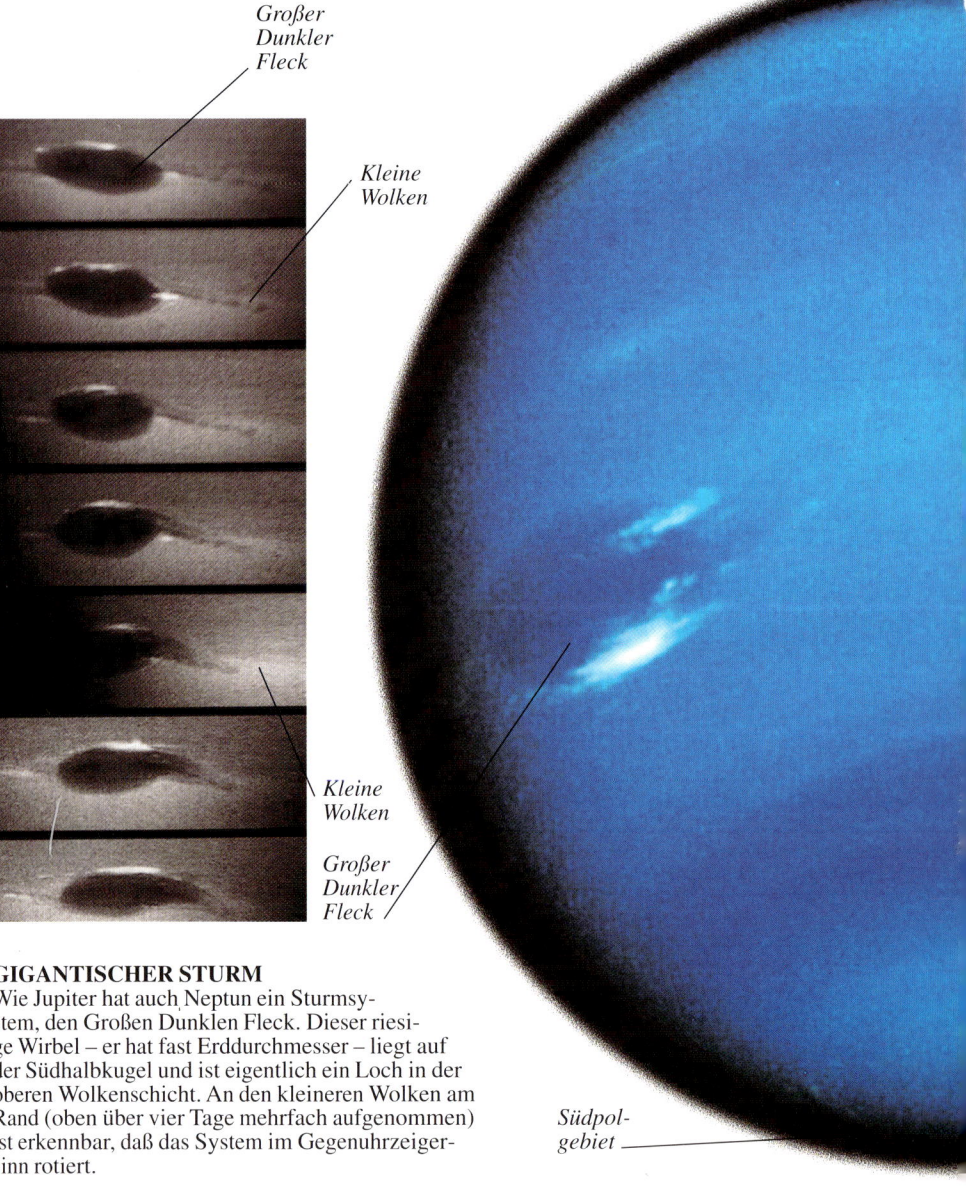

*Großer Dunkler Fleck*
*Kleine Wolken*
*Kleine Wolken*
*Großer Dunkler Fleck*
*Südpolgebiet*

**GIGANTISCHER STURM**
Wie Jupiter hat auch Neptun ein Sturmsystem, den Großen Dunklen Fleck. Dieser riesige Wirbel – er hat fast Erddurchmesser – liegt auf der Südhalbkugel und ist eigentlich ein Loch in der oberen Wolkenschicht. An den kleineren Wolken am Rand (oben über vier Tage mehrfach aufgenommen) ist erkennbar, daß das System im Gegenuhrzeigersinn rotiert.

# Die Entdeckung des Pluto

Der amerikanische Astronom Clyde Tombaugh (geb. 1906) entdeckte 1930 jenseits des Neptun den Planeten Pluto. Seine im Vergleich zu den Fixsternen auffallend langsame Bewegung deutet darauf hin, daß er sehr weit von der Erde entfernt ist. Der neu entdeckte Planet wurde nach dem Gott der Unterwelt benannt. Heute weiß man, daß Pluto viel zu klein ist, um Störungen in der Bahn des Neptun hervorzurufen. Die Berechnungen, die den Anlaß zur Suche nach Pluto gaben, waren fehlerhaft. Die Entdeckung des Pluto ist allein Tombaugh zu verdanken.

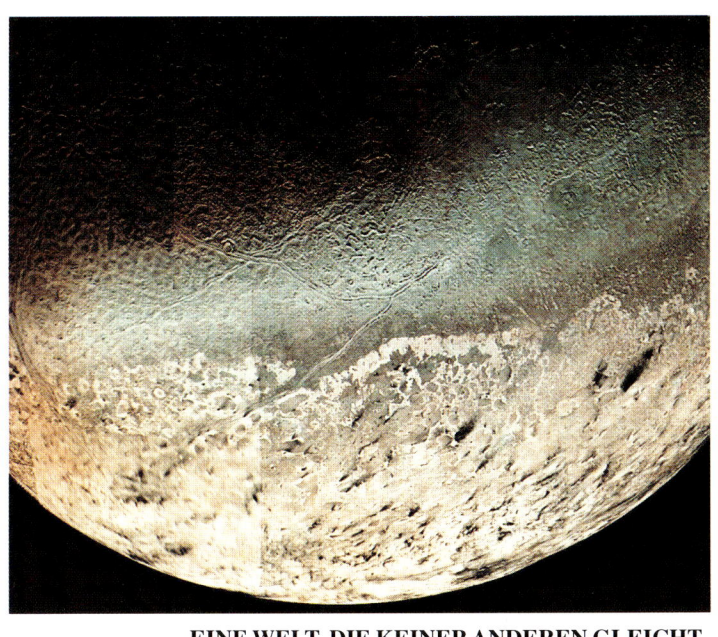

**EINE WELT, DIE KEINER ANDEREN GLEICHT**
Der 1846 entdeckte Neptunmond Triton ist aus verschiedenen Gründen ein interessanter Himmelskörper. Er bewegt sich rückläufig, d.h. er umkreist Neptun in der Gegenrichtung zu dessen Drehsinn. Zudem ist er mit −235 °C das kälteste Objekt im Sonnensystem. Seine stark strukturierte Oberfläche wirkt leicht rosa, vermutlich durch Methan, das wiederholt geschmolzen und erstarrt ist. Auf Triton gibt es aktive Vulkane, die Stickstoff- und Methangas in die Atmosphäre emporschleudern.

**ZUVIEL ERWARTET?**
Percival Lowells (1855–1916) Interesse an der Astronomie entzündete sich an Berichten über die angeblichen Marskanäle. Bis an sein Lebensende war er von der Existenz intelligenter Wesen auf dem Mars (S.48) überzeugt. Auch Lowell beteiligte sich am „Wettlauf" um die Entdeckung des Planeten jenseits des Neptun. Allerdings stellte er sich einen Himmelskörper von mehrfacher Erdgröße vor und übersah deshalb den unscheinbaren Pluto auf seinen Aufnahmen.

*Leuchtendblaue Atmosphäre*

*Meer aus Wasser und dichten Gasen*

**PLUTO UND SEIN MOND CHARON**
Charon ist von Pluto nur 19.700 km entfernt. Er wurde 1978 entdeckt, als man Aufnahmen genauer untersuchte, auf denen Pluto merkwürdig langgestreckt wirkte. Das Bild wurde vom Weltraumteleskop *Hubble* (S.7) aufgenommen; die Auflösung ist weit besser als bei Aufnahmen von der Erde aus (linkes Bild).

*Kleinerer dunkler Fleck*

**NAHAUFNAHME DES NEPTUN**
Dieses Bild nahm die Raumsonde *Voyager 2* im Jahre 1989 auf, als sie nach 12jähriger Reise durch das Sonnensystem nur noch 6 Mio. km von Neptun entfernt war. *Voyager 2* funkte auch Aufnahmen des Neptunmondes Triton zur Erde und wies die Existenz von sechs weiteren Monden nach, die Neptun umkreisen. Darüber hinaus erbrachte die *Voyager*-Mission neue Erkenntnisse zum Sturmgeschehen in der Atmosphäre des Neptun. Die Atmosphäre ist von einem leuchtenden Blau und besteht vor allem aus Wasserstoff und geringen Mengen Helium und Methan. Darunter erstreckt sich ein riesiger „Ozean" aus warmem Wasser und dichten Gasen.

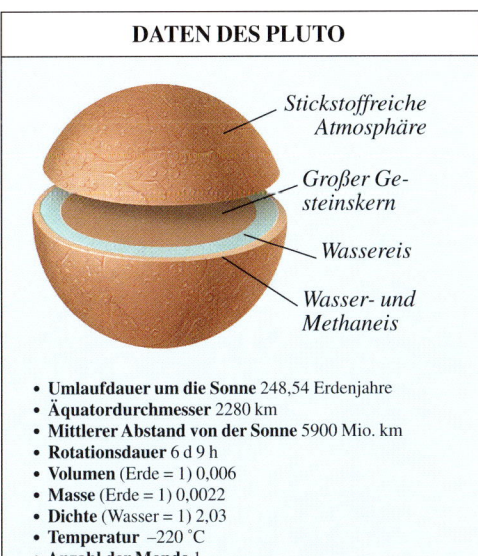

**DATEN DES PLUTO**

*Stickstoffreiche Atmosphäre*
*Großer Gesteinskern*
*Wassereis*
*Wasser- und Methaneis*

- **Umlaufdauer um die Sonne** 248,54 Erdenjahre
- **Äquatordurchmesser** 2280 km
- **Mittlerer Abstand von der Sonne** 5900 Mio. km
- **Rotationsdauer** 6 d 9 h
- **Volumen** (Erde = 1) 0,006
- **Masse** (Erde = 1) 0,0022
- **Dichte** (Wasser = 1) 2,03
- **Temperatur** −220 °C
- **Anzahl der Monde** 1

# Unterwegs im All

Nicht alle Materie im Sonnensystem ist in der Sonne, den Planeten und deren Monden konzentriert. Viele Eis- und Gesteinsbrocken bewegen sich auf stark exzentrischen Ellipsenbahnen aus den Weiten des Sonnensystems bis nahe an die Sonne heran. Kometen sind Brocken aus Staub und Eis und haben einen langen Schweif; ihr Name kommt aus dem Griechischen und bedeutet Haar- oder Schweifsterne. Asteroiden oder Planetoiden sind kleine Himmelskörper, die sich nicht zu großen Planeten zusammenballen konnten; sie umrunden die Sonne vor allem zwischen Mars und Jupiter. Einige bewegen sich auf stark exzentrischen Umlaufbahnen, in die sie vermutlich durch Gravitationsstöße des Jupiter abgedrängt wurden. Wenn ein Gesteinsbrocken, meist ein Teil eines Kometen, in die Atmosphäre der Erde eintritt und dort aufgrund der Reibung ganz oder teilweise verglüht, bezeichnet man die imposante Lichterscheinung als Meteor. Wenn ein Rest eines Meteors die Erdoberfläche erreicht, nennt man diesen einen Meteoriten.

### DER HALLEYSCHE KOMET
Edmond Halley (1656–1743) entnahm älteren Aufzeichnungen, daß sich Beschreibungen dreier Kometen, die im Abstand von je 76 Jahren gesichtet worden waren, stark ähneln. Aufgrund von Newtons Erkenntnissen zur Gravitation und zur Planetenbewegung (S.21) schloß er 1705, daß es sich um ein und dasselbe Objekt handeln müsse. Er sagte das nächste Erscheinen des Kometen für 1759 voraus. Seine Prognose erwies sich als zutreffend.

*Umlaufbahn des Kometen*
*Sonne*
*Kometenschweif*

### GESCHWEIFT
Kometen umlaufen in langgestreckten Ellipsen die Sonne und reflektieren deren Licht. In Sonnennähe sind sie so hohen Temperaturen ausgesetzt, daß sie teilweise verdampfen. Dabei bildet sich ein riesiger Gasschweif, der wegen des Sonnenwindes stets von der Sonne weg gerichtet ist.

*Kern*
*Instabile Bahn eines Asteroiden*
*Sonne*
*Jupiter*
*Asteroidengürtel*
*Mars*

### ZWISCHEN MARS UND JUPITER
Seit der sizilianische Mönch Giuseppe Piazzi 1801 den ersten Asteroiden (Ceres) entdeckte, fand und benannte man noch über 4000 weitere. Die Umlaufbahnen der meisten Asteroiden liegen zwischen Mars und Jupiter, manche haben jedoch abweichende Bahnen und können z.B. auch der Erde nahekommen.

### SCHNAPPSCHUSS IM VORBEIFLUG
Dieses Bild des 52 km langen Asteroiden Ida nahm die Raumsonde *Galileo* 1993 auf ihrem Flug zum Jupiter auf. Die vielen Krater auf Idas Oberfläche rühren vermutlich von Zusammenstößen mit kleineren Asteroiden her.

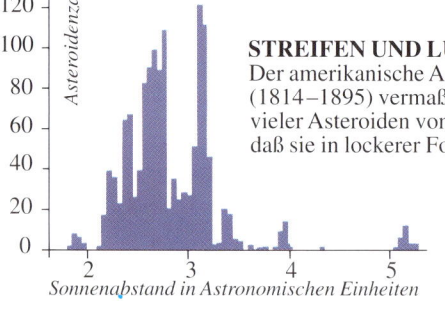

*Asteroidenzahl*
*Sonnenabstand in Astronomischen Einheiten*

### STREIFEN UND LÜCKEN
Der amerikanische Astronom David Kirkwood (1814–1895) vermaß die mittleren Entfernungen vieler Asteroiden von der Sonne und bemerkte, daß sie in lockerer Formation Streifen bilden, zwischen denen es eigentümliche Lücken gibt. Diese sog. Kirkwoodschen Lücken werden durch die Gravitationskraft des Jupiter verursacht.

### AUS NÄCHSTER NÄHE
Die Raumsonde *Giotto* näherte sich 1986 dem Halleyschen Kometen (unten) bis auf 960 km und entnahm seinem Schweif Materialproben. Wie sich herausstellte, ist sein Kern ein 16 mal 8 km großer, schartiger Brocken aus Staub und Eis.

*Schweif aus Staub*

*Schweif aus heißem Gas (Plasma)*

# Meteoriten

Erst 1803 war man sich in Wissenschaftlerkreisen einig, daß Meteoriten tatsächlich aus dem All auf die Erde fallen. Man kennt drei unterschiedliche Zusammensetzungen: Steinmeteoriten bestehen aus Silikatgestein, Eisenmeteoriten aus Eisen und Nickel, und Stein-Eisen-Meteoriten sind Mischformen aus Gestein und Metallen. Bekannte Meteoritenkrater in Deutschland sind das Nördlinger Ries (Durchmesser 23 km, Tiefe 200 m) und das Steinheimer Becken (Durchmesser 3,5 km, Tiefe 100 m).

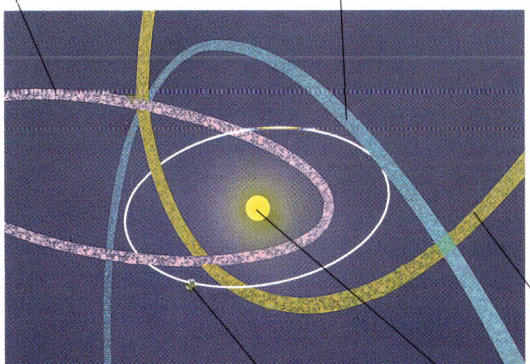

*Geminiden, Mitte Dezember* — *Perseiden, Mitte August*

*Quarantiden, Anfang Januar*

*Erde* — *Sonne*

### METEORSTRÖME
Wenn die Umlaufbahn der Erde die Bahn eines „Schwarms" kleiner Himmelskörper kreuzt, kommen die Lichterscheinungen aus der gleichen Richtung. Die Namen der Meteorströme richten sich nach den Sternbildern, in denen ihr scheinbarer Ausstrahlungspunkt liegt.

*Tektit*

*Der Murchison-Meteorit*

### GLASMETEORITEN?
Tektite sind glasartige Kügelchen von der Größe einer Murmel. Man fand sie bislang nur in einigen eng begrenzten Gebieten, dort jedoch in großer Anzahl. Man vermutet, daß sie entstehen, wenn ein Meteorit auf Sandstein trifft und dabei einige Bestandteile des Gesteins zum Schmelzen bringt.

### KURS AUF AUSTRALIEN
Der links abgebildete Meteorit aus Kohlenstoff und Wasser ging 1969 bei Murchison/Westaustralien nieder. Der Kohlenstoff stammt aber nicht aus ursprünglich lebender Substanz wie die irdischen Kohlevorkommen, sondern entstand im Verlauf chemischer Reaktionen.

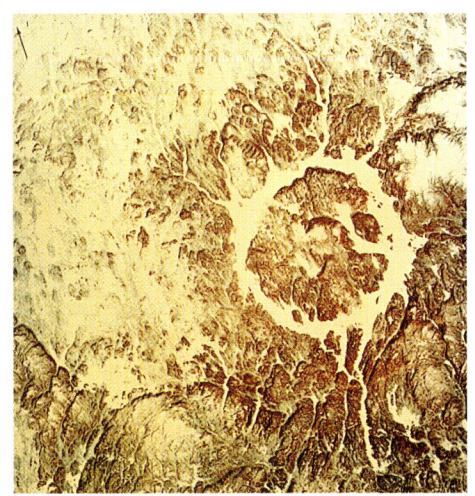

### NARBEN AUF DEM ANTLITZ DER ERDE
Viele Meteoritenkrater auf der Erde sind inzwischen durch Erosion abgetragen oder von Pflanzen überwuchert. Das aus dem Weltraum aufgenommene Bild (rechts) zeigt einen Eiskrater bei Quebec/Kanada.

# Lebenslauf der Sterne

Proxima Centauri ist, nach der Sonne, der uns nächstgelegene Stern. Er ist 4,2 Lichtjahre von uns entfernt; ein Lichtjahr ist die Entfernung, die das Licht mit seiner Geschwindigkeit von ca. 300.000 km/sec im Jahr zurücklegt. Sterne sind leuchtende gasförmige Himmelskörper, in deren Zentrum durch Kernfusion (S.38–39) enorme Mengen Energie entstehen. Sterne sind der Alterung unterworfen. Während die Fusionsreaktionen noch andauern, beginnt der Stern unter dem Einfluß der eigenen Gravitation zu schrumpfen. Dabei erwärmt sich das Innere, die äußeren Schichten kühlen ab und dehnen sich aus. Ein Stern in diesem Stadium ist ein Roter Riese. Bei massearmen Sternen kommt es durch Instabilitäten in der Sternatmosphäre zu deren Abstoßung, und zurück bleibt der Kern als Weißer Zwerg. Bei massereichen Sternen verlaufen die Kernfusionen bis zum Eisen. Ist genügend Eisen entstanden, kann eine Explosion erfolgen: Der Stern wird zur Supernova. Zurück bleibt ein Pulsar oder ein Schwarzes Loch (S.62).

**NACH NUMMERN GEORDNET**
Der französische Astronom Charles Messier (1730–1817) erstellte 1784 ein numerisches Verzeichnis von etwa 100 der hellsten Nebel (Staub- und Gaswolken). Der Nummer ist jeweils ein M (für Messier) vorangestellt; so ist z.B. M42 der Orionnebel.

**VERÄNDERLICHE STERNE**
Als veränderlich bezeichnet man Sterne, deren Helligkeit variiert. 1912 untersuchte die Amerikanerin Henrietta Leavitt (1868–1921) solche Objekte im Sternbild Cepheus. Sie stellte fest, daß die Helligkeit dieser sog. Cepheiden mit um so längerer Periode variiert, je heller sie sind. Anhand der Veränderungen kann man Entfernungen von über 100 Lichtjahren bestimmen.

**PARALLAXE**
Beim Lauf der Erde um die Sonne verschieben sich für den irdischen Beobachter die näheren Sterne vor dem Hintergrund der weiter entfernten. Man nennt dies Parallaxe und nutzt den Effekt zur Entfernungsbestimmung (dabei wird der Parallaxenwinkel gemessen). Die Methode ist geeignet, wenn der Stern näher als einige hundert Lichtjahre ist.

**GRÖSSENKLASSEN**
Sterne klassifiziert man nach ihrer Leuchtkraft. Man muß dabei zwischen der von der Erde (also aus großer Entfernung) beobachteten scheinbaren Helligkeit eines Sterns und seiner absoluten Helligkeit unterscheiden. Die Skala ist so aufgebaut, daß z.B. ein Stern der Klasse 1 um das 2,5fache heller ist als ein Stern der Klasse 2 und um das 100fache heller als ein Stern der Klasse 6.

**STERNKARTE**
Seit jeher war es für die Astronomen schwierig, dreidimensionale Gegebenheiten auf ebenen Karten möglichst korrekt und anschaulich darzustellen. Ein Möglichkeit hierzu bot die Planisphäre, die ebene Abbildung der Himmelskugel mit dem Polarstern als Zentrum.

## MANN DER STERNE
Der englische Astrophysiker Williams Huggins (1824–1910) führte die Spektralanalyse (S.30–31) in die Astronomie ein. Er brachte die Rotverschiebung von Sternspektren (S.22) mit dem Doppler-Effekt in Zusammenhang, der die Ausbreitung von Wellen bewegter Quellen beschreibt. Am Spektrum des Sterns Sirius erkannte Huggins 1868, daß dieser sich von der Erde entfernt. Zudem deutete er die Nebel als leuchtende Gaswolken, was sich als zutreffend erwies.

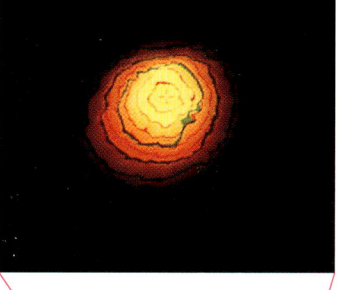

## SCHULTERSTERN
Beteigeuze, der veränderliche Hauptstern im Orion (an der Schulter des Jägers, Bild unten), ist 650 Lichtjahre von der Erde entfernt. Seine absolute Helligkeit ist 17.000mal größer als die unserer Sonne. Auf der Abbildung links sind die den Stern umgebenden Gase mit Falschfarben dargestellt.

## SPEKTAKULÄRE EREIGNISSE IM WELTRAUM
Novae (Sing.: Nova) sind nicht neu entstehende Sterne, sondern plötzliche Helligkeitsausbrüche bereits existierender Sterne. Dabei kann die Helligkeit innerhalb von Stunden um etliche Größenklassen zunehmen. Bei einer Supernova, die heftiger und seltener ist, wird das Sterninnere kleiner und heißer und explodiert schließlich. Meist bleibt ein Schwarzes Loch oder ein Pulsar zurück, der periodisch strahlt. Aus den bei Supernovae herausgeschleuderten Gaswolken können neue Sterne entstehen. Die Bilder zeigen die 1987 entdeckte Supernova 1987a im Abstand von zwei Wochen.

*Umriß des Jägers Orion*

*Bellatrix*

## KINDERSTUBE IM ALL
Die Materie eines Nebels (Gas und Staub) kann sich unter dem Einfluß der Schwerkraft zu neuen Sternen zusammenballen. Jeder Stern bewirkt dann einen heftigen, rotierenden Sog, so daß seine Umgebung sozusagen in einen riesigen Wirbel verwandelt wird. Auf diese Weise kann ein neues Sonnensystem mit Planeten entstehen.

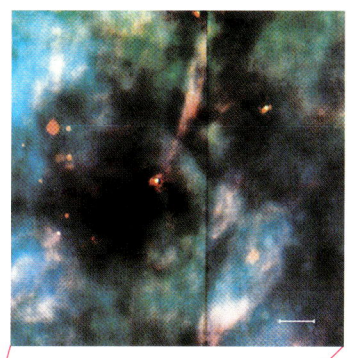

*Rigel*

## MARKANTE PUNKTE
Die Sterne, die am Himmel bestimmte Figuren bilden (wie die des Jägers Orion), sind unterschiedlich weit von der Erde entfernt. Beteigeuze und Rigel sind helle Sterne im Orion.

## JUNGE STERNE
Am Anfang eines jeden Sterns steht eine Gaswolke, die sich zusammenballt. Der Orion-Nebel M42 erscheint durch die Strahlung der bereits entstandenen Sterne rötlich.

# Galaxien

Die meisten Galaxien bildeten sich einige Milliarden Jahre nach der Entstehung des Universums. Unter dem Einfluß der Gravitation nahmen sie unterschiedliche Gestalt an. Eine „durchschnittliche" Galaxie enthält etwa 100 Mrd. Sterne und hat einen Durchmesser von 100.000 Lichtjahren. Edwin Hubble untersuchte erstmals systematisch diese sehr weit von uns entfernten Sternsysteme. 1923 maß er die Helligkeit einiger Sterne im Andromeda-Nebel und nahm auch deren Spektren auf. Aus seinen Ergebnissen folgerte er, daß sie etwa 2,25 Mio. Lichtjahren von der Erde entfernt sind. Aus den beobachteten Rotverschiebungen (S.23) von Galaxien schloß Hubble, daß sich diese um so schneller von uns weg bewegen, je weiter sie entfernt sind. Diese zentrale Aussage des Hubble-Gesetzes beweist, daß das Universum sich ausdehnt.

**ENDLOSE WEITEN**
Der Amerikaner Edwin Hubble (1889–1953) untersuchte die äußeren Gebiete eines vermeintlichen Nebels (S.61) im Sternbild Andromeda. Im 2,54-m-Teleskop auf dem Mount Wilson sah er, daß dieser „Nebel" in Wirklichkeit aus vielen Sternen besteht. Bei einigen davon handelt es sich um Cepheiden (S.60–61) – Sterne, deren Helligkeit variiert. Hubble stellte fest, daß diese sehr hellen Sterne deswegen so matt und verschwommen wirken, weil sie extrem weit von der Erde entfernt sind. Er erkannte als erster die unvorstellbare Ausdehnung des Universums.

**DIE MILCHSTRASSE**
Von der Erde aus gesehen hat die Milchstraße in der Region des Sternbildes Schütze, also zu ihrem Zentrum hin, eine besonders hohe Sterndichte. Große Mengen interstellaren Staubes behindern die Sicht, so daß man statt optischer Teleskope Radio- und IR-Teleskope einsetzt.

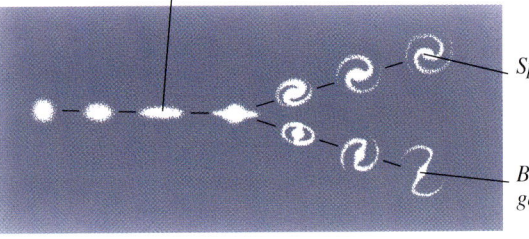

*Elliptische Galaxie*
*Spiralgalaxie*
*Balkenspiralgalaxie*

**IN VIELERLEI GESTALT**
Hubble teilte die Galaxien nach ihrer Gestalt ein. Es gibt elliptische, Spiral- und Balkenspiralgalaxien sowie unregelmäßig geformte. Man vermutet, daß elliptische und unregelmäßige am häufigsten sind.

Die Milchstraße (mit Weitwinkelobjektiv von einem Berg in Chile aus aufgenommen)

*Observatorium*

**DER WHIRLPOOL-NEBEL**
Diese Galaxie, die bereits im 19.Jh. von Parsons (S.26) beobachtet wurde, ist eine typische Spiralgalaxie in etwa 14 Mio. Lichtjahren Entfernung von der Erde. Sie ist im Sternbild Jagdhunde zu sehen, das sich an das Sternbild Großer Bär anschließt.

## ANATOMIE DER MILCHSTRASSE

Das Bild rechts zeigt oben die Milchstraße (von der Seite gesehen). Ihr etwa 15.000 Lichtjahre dickes Zentrum ist von einer flacheren Scheibe umgeben, in der sich die Spiralarme befinden. Der Gesamtdurchmesser der Milchstraße beträgt etwa 100.000 Lichtjahre. Unsere Sonne ist rund 30.000 Lichtjahre vom Zentrum entfernt. Weil wir die Milchstraße von innen her sehen, erscheint sie als Band am Himmel. Ein Blick von oben zeigt, daß sie eine Spiralgalaxie ist (Bild rechts, unten).

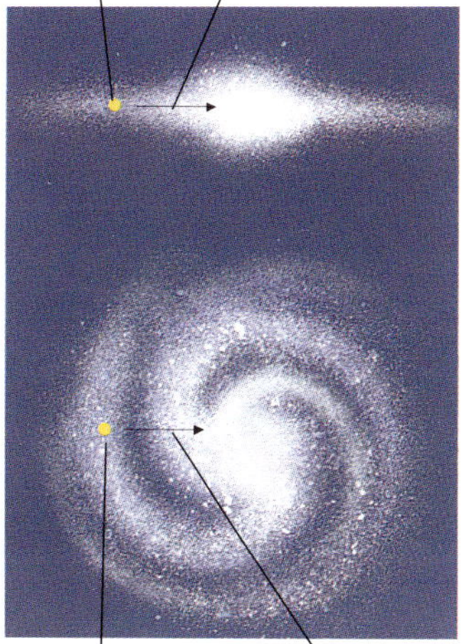

*Sonne* *Hauptebene*

*Sonne im Orion-Arm* *Hauptebene*

*Horizont*

### ANDROMEDA-NEBEL
Der Andromeda-Nebel hat Ähnlichkeit mit der Milchstraße, ist jedoch weniger massereich. Er ist das am weitesten entfernte Objekt, das noch mit bloßem Auge zu sehen ist. In der Nähe der spiralförmigen Andromeda-Galaxie befinden sich zwei kleinere elliptische Galaxien.

## Was ist Kosmologie?

Die Kosmologie befaßt sich mit dem Ursprung und der Entwicklung des Universums und ist im Grunde eine sehr alte Wissenschaft. Durch die Relativitätstheorie, Fortschritte in der Teilchen- und der Theoretischen Physik sowie durch die Erkenntnis, daß das Universum sich ausdehnt, erhielt sie im 20.Jh. eine neue wissenschaftliche Grundlage. Noch nicht geklärt ist u.a. die Frage, ob sich das Universum ewig ausdehnen oder irgendwann kollabieren wird.

### ALBERT EINSTEIN
Albert Einstein (1879–1955) entdeckte, daß Materie und Energie (S.38) ineinander umwandelbar sind. Seine Erkenntnisse revolutionierten das bis dahin von Newton (S.22) geprägte physikalische Weltbild. Die Tatsache, daß die Gravitation die Gestalt des Raumes (Raumkrümmung) und das Vergehen der Zeit beeinflußt, ermöglichte die Erforschung Schwarzer Löcher und eröffnete dadurch neue Einblicke in die Geschichte des Universums.

*Supernova* *Schwarzes Loch* *Röntgenstrahlung*

### SCHWARZE LÖCHER
Von einer Supernova (S.61) kann ein Schwarzes Loch zurückbleiben – ein Objekt von so enormer Dichte, daß nicht einmal das Licht ihm entkommt. Erkennbar ist es nur, wenn sich Gasspiralen in seine Richtung bewegen und dabei intensive Röntgenstrahlung emittieren.

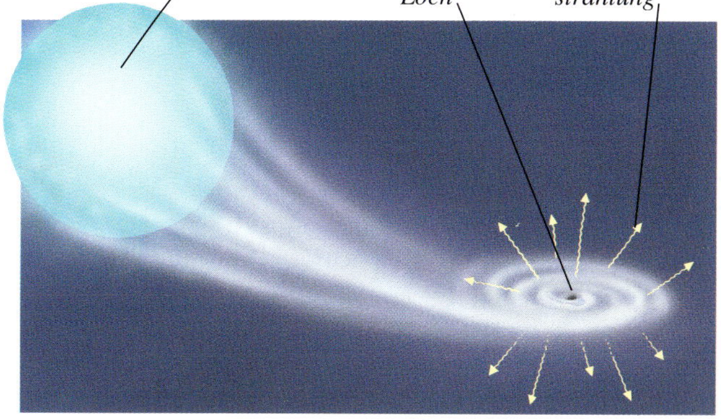

# Register

## A
Absorption 31
Adams, John Couch 56
Airy, George B. 27
Alhidade 9
*Almagest* 10
Andromeda-Nebel 62, 63
Ångström, Anders 32
Antares 6
Antoniadi, Eugène 44, 48
Aphel 18
*Apollo* 34, 41
Äquator 13
*Ariane* 35
Ariel 54, 55
Aristarchos 11
Armillarsphäre 11
Armstrong, Neil 34
Asteroidengürtel 36, 58
Astrolabium 9
Astrologie 7, 16
Astronauten 35
Astronomie 6, 10
Astronomische Einheit 37
Atlas 10
Atmosphäre 42, 43

## B, C
Bacon, Roger 22
Barnard, Edward 50
Behaim, Martin 10
Bellatrix 61
Beteigeuze 61
Bode, Johann 54
Bradley, James 42
Brahe, Tycho 18, 19, 26
Brennpunkt 18, 23
Brille 22
Bunsen, Robert 31
Caesar, Julius 10
Cassini (Familie) 28, 50
Cassini-Teilung 52, 53
Cassiopeia 18
Cepheiden 60, 62
*Challenger* 34
chromatische Aberration 23
Chromosphäre 31, 38, 39
Cook, James 46

## D, E
Dichte 45
Digges, Leonard 22
Dinosaurier 43
Dollond, John 23
Doppler-Effekt 23, 61
Dreieckwinkel 12, 15
Einstein, Albert 38, 63
Eisen 45, 59
Eklipti 13, 38
elektromagnetisches Spektrum 32
Ellipsen 18, 37
Enceladus 52, 53
Entfernungsbestimmung 60
Epizyklen 11
Eratosthenes 14
Erde 10, 14, 36, 42, 43
Europa (Jupitermond) 51
ewiger Kalender 16
Expansion (des Universums) 62, 63
exzentrisch 18

## F, G
Farben 21, 23, 31
Finsternisse 8, 39, 40
Fische (Sternbild) 17
Fixsterne 11, 60
Flamsteed, John 28
Fotografie 24
Fraunhofer, Josef von 30
Gagarin, Juri 34
Galaxien, Typen 62
Galilei, Galileo 20, 21, 51, 53
*Galileo* (Raumsonde) 58
Galle, Johann 56
Gammastrahlen 32
Ganymed 51
geographische Breite 13, 15
– Länge 27, 28
geozentrisch 11, 18
Gezeiten 40
*Giotto* (Raumsonde) 59
Globus 10
Goddard, Robert 34
Gravitation 21, 37
Greenwich 27
Größenklassen 60
Großer Bär 12, 13, 42
Großer Dunkler Fleck 56
Großer Roter Fleck 50

## H, I, J
Hall, Asaph 49
Halleyscher Komet 58, 59
heliozentrisch 18–20
Helium 31, 37
Herschel, Wilhelm 24, 29, 30, 54, 55
Hevelius, Johannes 40
Himmelskugel 12, 15, 42
Himmelsmechanik 37
Hipparchos 10
Höhenbestimmung 12, 15
Hooke, Robert 50
Hoyle, Fred 47
Hubble, Edwin 7, 62
*Hubble* (Weltraumteleskop) 7, 34, 35, 57
Huggins, Williams 61
Huygens, Christiaan 48
Hyperion 52
Infrarot 30, 32
Interferometer 33
Io 51
Irwin, James 34
Jahreszeiten 38
Jansky, Karl 32
Jungfrau (Sternbild) 17
Jupiter 8, 36, 37, 50

## K
Kalender 10, 16
katholische Kirche 18, 20
Kepler, Johannes 19
Kernreaktionen 37
Kirchhoff, Gustav 30, 31
Kirkwoodsche Lücken 58
Kleiner Bär 12
Kohlendioxid 42, 43, 48
Kometen 58, 59
Kompaß 14
Konjunktion 17
Kopernikus, Nikolaus 18, 20
Kopernikus-Krater 40
Korona 27, 38, 39
Kosmologie 28, 63
Krater 40, 59
Krebs (Sternbild) 17
Kuiper, Gerard P. 55

## L
Laplace, Pierre S. 37
Lassell, William 55
Leavitt, Henrietta 60
Le Verrier, Urbain 56
Libration 40
Lichtbrechung 22
Lichtgeschwindigkeit 38
Lichtjahr 60
Linsen 22–24
Lippershey, Hans 20, 22
Lockyer, Norman 31
Lomonossow, Michail 28, 47
Lovell, Bernard 33
Löwe (Sternbild) 16, 17
Lowell, Percival 48, 57
*Luna* 34, 41
Lyot, Bernard 38

## M
Magellan, Fernando 15
*Magellan* (Raumsonde) 46
Magnetfeld 43, 51
*Mariner* (Raumsonde) 37, 44, 45, 48
Mars 19, 36, 37, 48, 49
Materie 62
Mehrspiegeltechnik 25
Meridian 13, 14, 27, 38
Merkur 33, 36, 37, 44
Messier, Charles 60
Meteoriten 58, 59
Milchstraße 62, 63
Mimas 52
Miranda 55
Mond 8, 21, 40, 41
Monde 36, 55
Mount Palomar 25
Mural-Quadranten 25, 29

## N, O
Napier, John 29
Navigation 15, 34
Neptun 36, 37, 56, 57
Newton, Isaac 20, 21, 23
Novae 61
Nullmeridian 27
Oberon 54, 55
Opposition 17
Orion 6, 60, 61
Ozonschicht 43

## P, Q
Parabolantenne 32, 33
Parallaxe 60
Pariser Observatorium 26, 28
Parsons, William 26, 62
Perihel 18
Phasen 8, 20, 41
Photosphäre 38, 39
Photosynthese 43
Piazzi, Giuseppe 58
*Pioneer* 46, 50, 53
Planeten 8, 17–19, 36
Planetoiden 58
Planisphäre 60
Plejaden 8
Pluto 36, 37, 56, 57
Polarlicht 49, 43
Polarstern 12, 13, 25
Prisma 30, 31
Protuberanz 38, 39
Proxima Centauri 60
Ptolemäus 10, 18, 19
Pulsare 60
Quadranten 12, 15, 25
Quarantiden 59

## R
Radioteleskop 32, 46
Raumfahrt 34, 35
Raumkrümmung 63
Raumsonden 37, 44–48, 50–53, 55–59
Reber, Grote 32
Reflexion 22
Refraktor 22–24
Regenbogen 30
Relativitätstheorie 63
Röntgenstrahlen 32
Rote Riesen 60
Rotverschiebung 60, 62
Russell, John 41

## S
Satelliten 34, 35, 43
Saturn 36, 37, 52, 53
Sauerstoff 43
Schaltjahr 10
Schiaparelli, G. 48
Schütze (Sternbild) 17, 62
Schwarze Löcher 7, 60, 63
Sextanten 12
Sirius 9, 61
Skorpion (Sternbild) 6, 17
Sonne 30, 32, 36–39
Sonnensystem 36, 58
Sonnenuhr 14
Sonnenwind 43, 51
Sonnenzeit 13
Sosigenes 10
*Spaceshuttle* 35
Spektren 21, 30–32, 61
Spiegelteleskop 21–25
*Sputnik* (erster Satellit) 34
Steinbock (Sternbild) 17
Sternbilder 17
Sterne 31, 60
Sternzeit 13
Stickstoff 43
Stier (Sternbild) 17
Supernovae 60, 61, 63

## T, U
Tagundnachtgleichen 8
Teleskop 20–24
Tierkreis 7, 16, 17
Titan 52, 53
Titania 54, 55
Titius-Bode-Reihe 54
Tombaugh, Clyde 57
Treibhauseffekt 42, 47
Troposphäre 43
Umbriel 54, 55
Umlaufbahnen 11, 18, 34, 37
Universum 28, 62, 63
Urania 17, 19
Uranus 36, 37, 54, 55
Urban VIII., Papst 20
UV-Licht 32

## V, W, Z
*Venera* (Raumsonde) 47
Venus 20, 36, 46
Vergrößerung 24
*Viking* (Raumsonde) 37, 48
*Voyager* (Raumsonde) 50–52, 55, 57
Waage (Sternbild) 17
Wandelsterne 11
Wasser 42, 43
Wassermann (Sternbild) 17
Wasserstoff 37, 38, 43
Weiße Zwerge 60
Wettersatelliten 34, 43
Widder (Sternbild) 17
Winkel 12, 15
*Wostok* 34
Zeitbestimmung 13
Zwillinge (Sternbild) 17

# Bildnachweis

o = oben, u = unten, m = Mitte, l = links, r = rechts

American Institute of Physics, Emilio Segrè Visual Archives / Bell Telephone Laboratories 32ml.
W. F. Meggers Collection 32ol / Research Corporation 32ul / Shapley Collection 60ml.
Ancient Art and Architecture Collection 9ol, 9mr, 20ol.
Anglo-Australian Telescope Board / D. Malin 61or.
Archiv für Kunst und Geschichte, Berlin 19ol / National Maritime Museum 46m.
Associated Press 8ol.
The Bridgeman Art Library 28ol / Lambeth Palace Library, London 17or.
The Observatories of the Carnegie Institution of Washington 39mr.
Jean-Loup Charmet 6ol.
Bruce Coleman Ltd. 43m.
ET Archive 9or.
Mary Evans Picture Library 6ol, 14ul, 18mu, 42ol, 61oml.
Robert Harding / R. Frerck 32um / C. Rennie 10ur.
Hulton Deutsch 20m.
Henry E. Huntington Library and Art Gallery 62ol.
Images Colour Library 7ol, 7or, 7m, 16ol, 16ml, 18ml.
Image Select 19ur, 21om, 23ol, 26ml, 28mr.
JPL 3mr, 37mr, 44ul, 48ur, 49ol, 49m, 49mr, 50or, 51mru, 52ml, 52ur, 53ml, 55or, 56ml, 63or.
Lowell Observatory 48ur.
Magnum / E. Lessing 19or.
Mansell Collection 49or.
NASA 3mr, 8ml, 35mr, 35ul, 38/39um, 41mr, 44ml, 46ur, 47ou, 49ul, 54/55um, 56/57um, 57ol / JPL 34um, 39om, 50ur, 51om, 53r, 55m, 55mr, 56mu, 61mr.
National Geophysical Data Centre / NOAA 27ml.
National Maritime Museum Picture Library 6ml, 10mr, 15ol, 15or, 25ol, 27or, 29or, 39m, 54ol.
Novosti (London) 28ur, 35ml, 47or / Tass 25mu.
Popperfoto 47ol, 67mru.
Rex Features Ltd. 34mlu.
Scala / Biblioteca Nationale 20mr.
Science Photo Library: Schutzumschlag-Vorderseite Mitte, 18ol, 25um, 31ol, 31ul, 48m, 53ol, 56ol, 57mr / Dr. J. Burgess 26ol / Jean-Loup Charmet 11ol, 37ol / F. Espenak 46or / European Space Agency 35ol, 42/43um / Jodrell Bank 33or / Dr. M. J. Ledlow 33ol / F. D. Miller 31m / NASA 7mru, 20m, 20umr, 20ur, 34mr, 41mru, 44/45um, 49om, 57mr, 58ul, 59ur / NOAO 61ml / Novosti 47mr / D. Plailly 38ml / Physics Dept. Imperial College 30mr, 30ur / Dr. M. Read 30ol / Royal Observatory, Edinburgh 27ol, 59or / J. Sandford 41ol, 61ul / R. Ressemeyer, Starlight 12ol, 25mru, 27or, 33mr, 55ol, 62/63m / US Geological Survey 37ur, 48l.
Tony Stone Images 42ml.
Roger Viollet / Boyes 38ol.
Zefa UK 6/7um, 8ul, 33u, 61ur, 62ul / G. Heil 26um.

Mit Ausnahme der oben aufgeführten sowie der Exponate aus dem British Museum (8m), dem Science Museum (21u, 22ml) und dem National History Museum (43ol) entstammen alle folgenden Abbildungen den Sammlungen des Old Royal Observatory, Greenwich: 1, 2o, 2m, 3o, 3l, 3u, 3or, 4, 11u, 12u, 14m, 14um, 14r, 15ol, 15u, 16l, 16ur, 17ol, 17ur, 20ul, 24um, 25or, 28ml, 28m, 28ul, 29o, 29m, 29u, 31u, 36u, 38u, 40ml, 40/4u, 42ul, 52ul, 54ul, 58or, 60u.

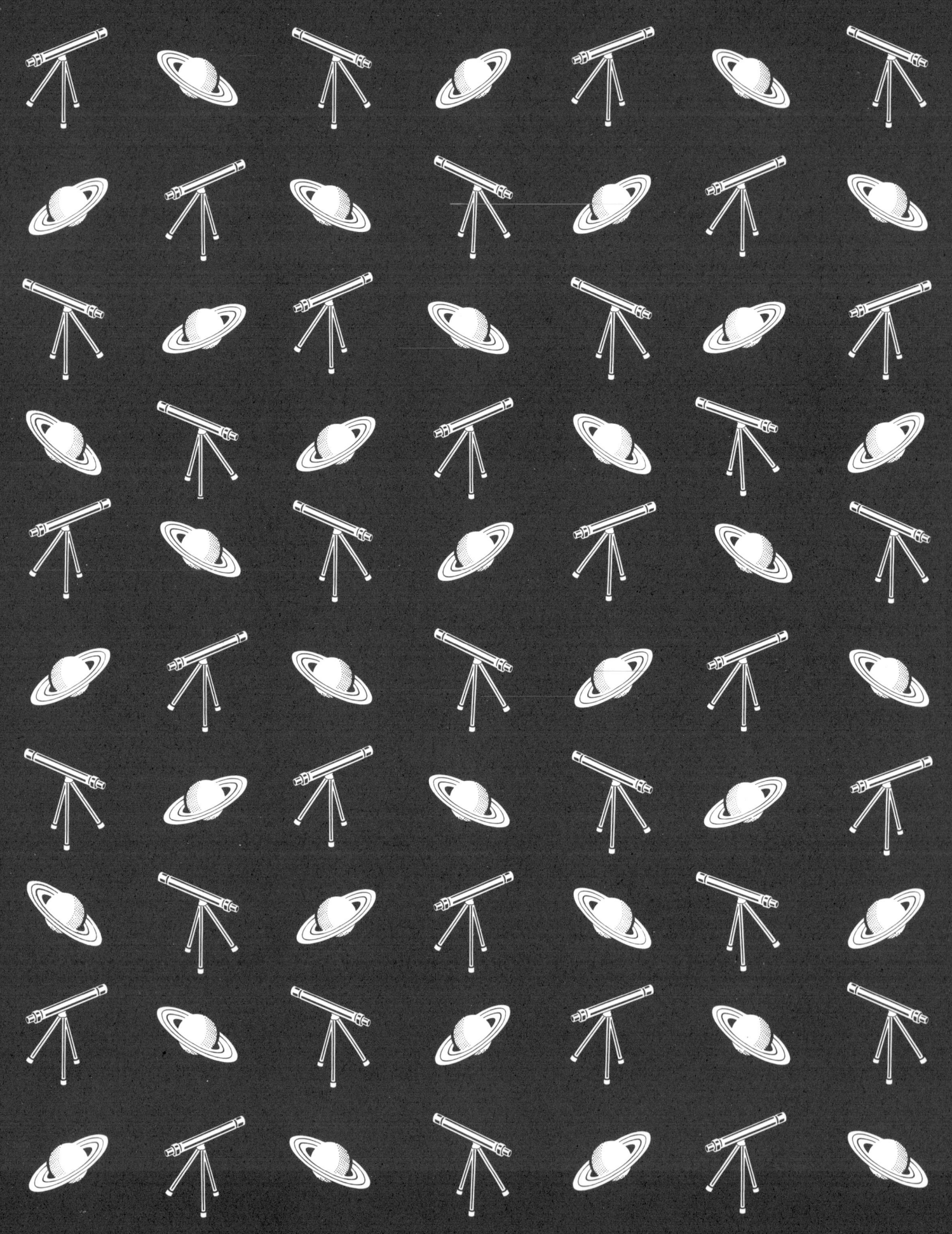